服饰图案设计与应用

主　编　谢秀红

副主编　潘晓梅　黄　娟

U0336668

Fushi tuan sheji yu yingyong

北京师范大学出版集团
BEIJING NORMAL UNIVERSITY PUBLISHING GROUP
北京师范大学出版社

图书在版编目(CIP)数据

服饰图案设计与应用/谢秀红主编.—北京:北京师范大学出版社,2011.10
ISBN 978-7-303-13525-7

Ⅰ.①服… Ⅱ.①谢… Ⅲ.①服饰图案-图案设计-高等职业教育-教材 Ⅳ.① TS941.2

中国版本图书馆 CIP 数据核字(2011)第 203538 号

出版发行:北京师范大学出版社 www.bnup.com.cn
　　　　　北京新街口外大街 19 号
　　　　　邮政编码:100875
印　　刷:北京强华印刷厂
装　　订:三河万利装订厂
经　　销:全国新华书店
开　　本:184 mm × 260 mm
印　　张:9
字　　数:180 千字
版　　次:2011 年 10 月第 1 版
印　　次:2011 年 10 月第 1 次印刷
定　　价:28.00 元

策划编辑:李　克　　　责任编辑:李　克
美术编辑:高　霞　　　装帧设计:天泽润
责任校对:李　菌　　　责任印制:孙文凯

版权所有　侵权必究

反盗版、侵权举报电话:010-58800697
北京读者服务部电话:010-58808104
外埠邮购电话:010-58808083
本书如有印装质量问题,请与印制管理部联系调换。
印制管理部电话:010-58800825

　　《服饰图案设计与应用》依照职业教育艺术设计创作规律，突出实践教学创新内容，在全面、系统、深入地介绍服饰图案设计理论的同时，把服饰图案工艺的应用操作和实践结合起来，一举解决了服饰图案构成形式、服饰图案的综合设计与常见图案工艺的应用等几个方面的问题。本书在已有知识结构之上，加进了印花、绣花、手绘、洗水等工艺的应用。这是目前大多数教材都没有涉及而又非常重要的内容。

　　本书凝聚了编者多年来服饰图案设计的教学、研究成果。作为在服装行业从事设计多年、同时又专职于服装实务教学的工作者，她们了解学生应该掌握哪些知识，市场需要学生掌握哪些知识。在经济全球化的趋势下，职业院校有责任为社会培养一大批有创新意识的服饰图案设计方面的实用新型人才。因此，本书的编写，力求符合学生特点，突出实用性、实操性的原则。本书语言简明扼要，通俗易懂，文字简练，易学好教；在介绍服饰图案的同时，不忘把握时尚脉搏，总结新工艺、新材料，紧密结合市场和流行趋势，使学生在服饰图案设计的学习中能举一反三、事半功倍。这是对服饰图案设计教学的有益探索。

　　本书由谢秀红任主编，潘晓梅、黄娟任副主编。具体编写分工如下：谢秀红编写第三章、第五章、第六章；潘晓梅编写第一章、第二章；黄娟编写第四章；谢秀红负责统稿和文字整理。在此一并致谢！

　　本书在编写过程中，参考、吸收、采用了国内外众多学者的研究成果，这里谨向原作者深表谢意！由于编者水平有限，书中不足之处在所难免，敬请同行及读者不吝赐教，以便再版时修改。

　　本书适合作为职业院校服装类、形象设计类专业教材，同时可供相关专业人员自学参考，也可作为一般读者的日常参考用书。

高级服装设计师　谢秀红

2011 年 8 月

目　录

第一章 概 论

知识目标

1. 了解服饰图案的含义、种类及与其他装饰图案的区别；
2. 了解服饰图案的学习方法和要求；
3. 了解服饰图案的特征；
4. 了解服饰图案的设计原则；
5. 了解现代服饰图案的发展。

能力目标

1. 能了解服饰图案的内容，能理解服饰图案与其他装饰图案的区别；
2. 能掌握和区分服饰图案的种类；
3. 能掌握服饰图案的各种特征；
4. 能初步了解和掌握服饰图案设计的原则；
5. 能了解服饰图案的起源、发展，能说出不同时期服饰图案的主要特征。

第一节 服饰图案的概念

服饰图案，人们通常称之为服装纹样或花样。好的纹样图案能为服装增光添彩，使之价值倍增，也能提高着装者的精神境界。服装与图案的结合体现了人们对服装美的多样化追求。

一、服饰图案的含义

图案的概念有广义和狭义两种解释。广义是指实用美术、装饰美术、建筑美术、工业美术等方面关于形式、色彩、结构的预先设计，即在工艺、材料、用途、经济、美观等条件制约下，制成图样、装饰纹样等方案的通称（图1.1.1至图1.1.6）；狭义是指器物上的装饰纹样。

图案的应用范围很广，生活中衣、食、住、行、用、玩所涉及的许多物品和环境都有图案的运用。有的图案还具有标志作用，用以表示物品的性质、用途和特征。

图案在我国民间或传统中称为"花样"、"图样"、"模样"、"纹样"、"纹缕"等。图案是一种装饰性很强的艺术形式，是把装饰性和实用性相结合的一种美术形式。它是把生活中的形象，经过艺术加工使其造型、结构、色彩、构图等适合于实用与装饰的目的。

图 1.1.1　休闲服饰图案设计

图 1.1.2　包装图案

图 1.1.5　饰品图案

图 1.1.3　鞋子图案

图 1.1.4　箱包图案

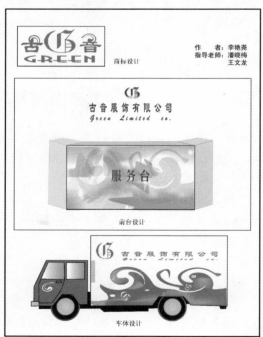

图 1.1.6　AI 形象设计

服饰图案是以装饰、美化服装为主要目的的，一般是指服装及与服装相配套的附件、配件上的装饰。服饰图案有两种表现形式，一种是染织品图案，如各种纹样的服装面料（图 1.1.7 女装右上飞鹰为印染图案）；另一种是在具体服装上，或刺绣，或绘制，或编织，或采用不同质感的面料搭配设计（图 1.1.8 至图 1.1.10）。服饰图案与其他装饰图案一样，在艺术规律及形式法则方面是相通的。

图 1.1.7　现代服饰图案设计

图 1.1.8　刺绣图案设计

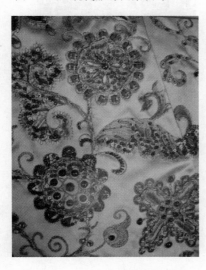

图 1.1.9　珠片绣图案设计

图 1.1.10　现代礼服图案设计

服饰图案分基础图案和工艺图案，前者是学习图案的基础理论，训练基本技法，掌握组织构成能力；后者则是为了适应某种服饰产品的生产而进行的意图设计。前者是为后者打基础；后者是前者在实际中的应用。学习服装图案，应从基础图案入手，结合各类型服饰特点，将其逐步运用到服饰设计中去。

二、服饰图案与其他装饰图案的区别

装饰图案作为一种造型艺术，它涵盖的内容很多，如装潢、环艺、包装、陶瓷、室内设计等，这些都离不开装饰图案设计。装饰图案是依附在一定的物质材料上的艺术创作，通过视觉形象反映内容、表达思想。它既有艺术性、思想性，又带有实用性和一定的科学性。图案是装饰设计的基础，最锻炼人们的设计思维能力，它是设计训练的基本功。服饰图案是装饰图案中的一个具体内容，它与染织图案、装潢图案、建筑图案的艺术内涵是一致的，区别在于它的特定对象、用途和工艺所形成的要求不同。另外，服饰图案除了在服饰上的平面装饰外，也包括鞋帽的造型，手提包的设计，腰带、纽扣的形状，项链、耳环、手镯、戒指和服装挂件的造型装饰。

三、服饰图案的种类

服饰图案的范围包括各种服装上的纹样装饰、各种服装配件、服饰品的纹样装饰与造型、各种服装纺织品的匹料、件料的图案装饰等。由于图案的使用对象、使用目的不同，其形态、种类是多种多样的。服饰图案的分类是按空间形态、艺术形式、装饰素材、工艺特点、表现形态五个方面来进行的。

（一）按空间形态分类

从造型艺术构成空间上看，图案可以分为平面图案（图1.1.11）和立体图案（图1.1.12）两类。

图 1.1.11　平面图案　　　　　　　　图 1.1.12　立体图案

平面图案是指在平面上的装饰设计，形成的纹样效果是平面形式，如染织图案（包括花布、织锦、头巾、地毯、刺绣等）、商标图案、包装装潢、书刊装帧、广告招贴等。（图1.1.13、图1.1.14）平面图案设计的三要素是纹样、组织、色彩，但是在设计构思时也兼顾立体穿着后的效果。

图 1.1.13　平面图案　刺绣图　　　　1.1.14　商标、吊牌、包装图案设计

图 1.1.15 地毯图案

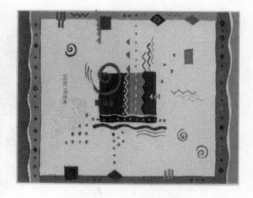

图 1.1.16 地毯图案

　　立体图案是指具有立体效果的装饰物品，其表现特征是以具有三度空间的立体造型为重点。如陶瓷、玻璃器皿、金属器物、塑料制品、雕刻、建筑、家具、玩具等的造型设计；服饰上的立体花、蝴蝶结、盘花纽、鞋、帽、纽扣、首饰、运用宽细裥工艺制成的装饰造型等。（图 1.1.17、图 1.1.18、图 1.1.19）此外，鞋、帽、纽扣、首饰、腰带夹头、手套、阳伞等也都属于立体图案。立体图案设计的三要素是形态、纹样、色彩。

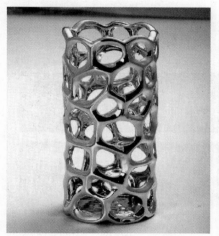

图 1.1.17 金属装饰图案

图 1.1.18 塑料装饰图案

（二）按艺术形式分类

　　按构成的形式或组织形式，服饰图案可分为独立式图案（图 1.1.20）和连续式图案（图 1.1.21）两大类。独立式图案分单独纹样和适合纹样：单独纹样是一种活泼自由的图案，适合纹样则要受一定外形的限制。连续式图案分二方连续和四方连续纹样：前者多用于服装的边缘部位，后者是服装花纹面料的主要形式。

（三）按装饰素材分类

　　服饰图案的素材分别有花卉植物图案、人物图案、动物图案、风景图案、器物图案、文字图案、几何图案等。（图 1.1.22、图 1.1.23）

图 1.1.19　陶瓷图案

图 1.1.20　适合纹样

图 1.1.21　二方连续图案

图 1.1.22　人物图案

图 1.1.23　动物图案

（四）按工艺特点分类

服饰图案的制作工艺分别有印染图案、编织图案、手绘图案、刺绣图案、电脑图案、拼贴图案等。其中，印染图案又有机印、圆网印、丝网印、直接印花、转移印花等。由于加工工艺有各自的特点，往往形成不同的效果。服饰图案风格的形成与工艺制作有密切联系，例如蜡染、扎染服装，具有浓厚的民族特色和强烈的艺术感染力。图案的各种加工工艺过程都有自身的特点和规律性，因此，应发挥工艺的不同特点，使服饰图案丰富、美观。

（五）按表现形态分类

服饰图案的表现形态分别有写实的、夸张变形的、抽象的、象征的。

不同构成因素的图案各有不同的特点，以适应不同的使用需求。

四、图案的学习方法和要求

生活是艺术创作的源泉。首先我们要从客观生活中了解造型艺术美的规律，在大自然和生活中收集素材，获取灵感，认识生活与图案创作及使用的密切关系，把握时代的脉搏。

中华民族五千年文明历史，绚丽多彩，源远流长，积累了丰富的创作经验，给我们留下了许许多多的优秀作品，是我们民族精神的具体体现，是我们学习的宝库，值得我们深入研究、继承和发扬。交流、借鉴和融合是人类文明发展进步的动力。世界各国，由于地理、民族、文化、历史的关系，形成各具特色的图案样式，学习他们的创作方法和表现技巧，从中汲取营养，丰富自己的艺术修养，也是必要的。

理论结合实践是图案学习的基本方法，下面几点要求值得我们注意：

1. 了解掌握图案的基础理论、图案构成的基本原理、基本方法和工艺技巧，在理解的前提下，结合实际灵活运用。

2. 了解掌握图案与服装的关系及应用方法。

3. 突出图案造型的形象性特点，通过具体的图案形象分析，理解原理；通过临摹、设计等实践环节加深认识，掌握规律。

4. 通过系统性的学习，培养良好的造型观念、审美观念、市场消费观念及设计能力。

5. 作业练习要严谨认真、干净利落，造型形式力求丰富多样、优美和谐，有创意，符合设计要求。

第二节　服饰图案的特征

服饰图案是实用性和装饰性相结合的一种美术形式。服饰图案的设计及运用要充分发挥想象力，采取装饰和塑造的手段，追求意匠的艺术效果，从物质上和精神上满足人们的生活需求。因而，服饰图案具有实用价值和审美价值。服饰图案往往与人们的日常生活紧密联系在一起，既具实用性，又具装饰性，同时，也体现出民族物质文化生活的水平及特定的时代精神。

一、服饰图案的实用性

服饰图案的实用性体现在作为日用品的使用功能上，反映在物体的物理机能的构造上，透过造型、结构、材料、色彩、加工工艺技术等因素来满足人的生理需求和心理需求，同时也要受这些因素的制约。服饰图案设计不同于绘画、雕塑等纯艺术创作，不但要考虑其艺术效果，更要考虑其实用效能，即要充分注意构成图案的工艺材料的特性、生产方式的特点、使用功能和使用对象，以及经济条件等因素的制约，而这种制约，正是图案的实用特征。

服饰图案设计的具体形象必须经过制作过程的生产方式才能得到完整的体现。如印花布生产中制版、套色、印制（包含丝网印花、滚筒印花、转移印花）、印浆特性、后处理等一系列过程。因此，设计必须考虑到生产过程中每个环节和条件的制约，符合生产技术条件的要求，否则，构思再美，也只是纸上谈兵，无法在生产中运用。

各种工艺材料有不同的质地和性能，能产生不同的效能。服饰图案设计要充分利用和发挥工艺材料的特性优势，特别是新工艺、新材料的运用，力求达到理想的使用效果。作为实用品，图案有其经济价值，从设计开始，就必须考虑产品的生产成本、产值利润、商品的使用价值及销售价格，其中销售价格直接受市场动态的影响，如时尚、流行、季节等因素的变化。因而，对设计者来说，要具备敏锐的经济头脑，关注商品信息，尊重客观经济规律，争取良好的经济效益。

二、服饰图案的装饰性

服饰图案的装饰性就是通过造物、造型，给人以精神上的审美享受。具体讲，也就是运用图案的形态、纹样、组织结构、色彩、材质肌理、工艺效果、存在的空间及时间等因素，构成形象优美、结构合理、色彩调和、环境协调的效果，使人在视觉上产生美感，在心理上得到满足，起到感染人的情绪，美化人的生活的作用。

服饰图案的装饰性是透过形式美来实现的，而形式美的产生是人们发挥高度的想象力和创造力，从自然中、生活中挖掘素材，抓住本质特征，经过选择、概括、提炼、夸张、变形、组合、分解、综合加工整理等手法构的多种各具特色的形式，形成对称美、条例美、秩序美、比例美、韵律美、色彩美、流行美等形式美感，借此表达人的思想情感、审美趣味和生活理想。

服饰图案的装饰性有时候还可以通过特有的材质运用、特殊的工艺处理、特定的空间配置而达到独特的艺术效果。

三、服饰图案的民族性

服饰图案的民族性集中体现其民族的生活、个性特点和文化精神，展示特有的风格面貌。一个民族所处的生存环境，影响着他们的生活习惯、生产方式、科学技术、宗教信仰、文化艺术的形成和发展，构成了特有的民族文化。服饰图案作为艺术活动的一种形式，以其高度的概括力和严谨的组织结构，从一个方面反映出民族文化的智慧、艺术技巧、审美法则、思想感情、道德价值观念等。

世界上每一个民族都有其自然生存条件，都有其本民族服装发展的历程。因此，不同国度的人们对服饰图案也有着独特的爱好，并发展成为代表其民族风格的图案，也成为一种象征和代表。例如，中国服装中龙的图案表示中华民族的图腾标志（图1.2.1）；日本的和服则喜欢用仙鹤、樱花等动植物图案作装饰；英美等国家喜欢骏马图案等。又如，刚果(金)有明文规定：政府官员一般不许穿西装；所有妇女一律穿裙子，而且裙子上的花形较大，充分显示出浓厚的民族气氛。特别值得一提的是苏格兰盛行一种叫做"基尔特"的民族服装(图1.2.2)，其特点为：头戴黑色高筒帽，帽的左侧插一白色羽毛；上身披一件宽松的斗篷，下身穿着腰间有褶的方格短裙和长至膝盖的裤子；脚上穿双有白色罩盖的黑鞋；腰系饰袋，右臂夹着插有三支风笛的笛囊，充分体现他们是一个既英武又酷爱音乐的民族。

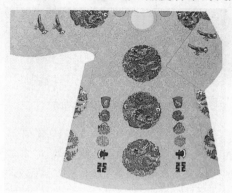

图1.2.1　中国古代皇帝服饰

图1.2.2　苏格兰基尔特

中华民族上下五千年的文明历史长河，孕育发展出具有中国特色，代表东方文明精神的灿烂文化。从原始的彩陶，到后来各个历史时期的建筑、服饰、雕刻、铸造、陶瓷、织锦、刺绣、家具等的图案，丰富多彩，充分显示出我们民族的气魄。

四、服饰图案的时代性

服饰图案不仅具有民族性的特征，同时也具有时代性的特点。时代精神是文化艺术发展的动力，特定的时代，由于社会政治、经济、科学技术、意识形态等关系，形成特有的时代精神，相应的生活方式、审美趣味、文化艺术、时尚追求随之发生变化。图案的发展变化，也是随着时代的变迁而呈现出不同的风格特色。时代性有时还表现出某些地区性或全球性的特点。

五、服饰图案的制约性

服饰图案的制约性也称从属性，它依附产品而存在，这就必然受到多方面的制约。服饰图案要受到加工工艺的制约，如手绘、机印、蜡染、扎染等，会产生有的粗犷丰富，有的纤秀婉约等效果。(图1.2.3、图1.2.4、图1.2.5)除受工艺制作的制约外，

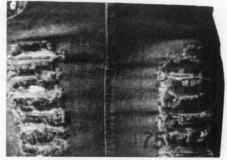

图1.2.3　粗犷丰富牛仔图案

图1.2.4　精致的刺绣图案

图 1.2.5　T恤图案：T恤衫胸前飞鸟图案为胶浆印花，白云图案为贴布绣。

服饰图案还受材料的属性、适用性、艺术性、市场价格、制作成本、经济效果等方面的制约。另外，服饰图案艺术又是美化人体的艺术，只有把服饰图案美与人体美和谐地统一起来，才能充分体现出服装的美学价值。服饰图案的审美价值不是一成不变的，而是随着社会的发展而发展，并伴随着人们审美观念的变化而变化。

服饰图案虽然处在从属地位，但只要能够发挥充实和增加服装艺术审美功能，弥补着装者某些生理上的不足，就应发展它、应用它。而且，服饰图案能提高服装成品的档次，提升服装产品附加值，增加企业的经济效益。所以服饰图案是服装整体设计过程中不可缺少的重要组成部分。

六、服饰图案的多样性

服饰图案的表现形式和处理手法千变万化、丰富多彩，这是随着时代发展、服饰美化的不断需要，加上生产方式的不断变化和增多而来的，再加上着装对象的审美观点、爱好的不同所形成的。从原始人懂得穿衣前的纹身、画身，到今天的服装、服饰、皮包、手套，从服装配件到花色面料，无一不与装饰图案有关联，这就决定了服饰图案的多样性。

现代服饰图案设计应努力追求并达到实用、美观、舒适、方便、快捷、易用、多功能、高效能、环保等生活目标。因此，我们必须充分关注其实用性，充分运用其装饰性，注意发挥其民族性，注重体现其时代性。认识自然，认识社会，了解生活，了解历史，了解时代，是服饰图案设计者的必修课。

第三节　服饰图案的设计原则

服饰图案设计的总体创作原则是"变化的统一"，也被称为图案设计的基本规律。变化与统一是构成形式美的两大要素，是指艺术创作形式的"多样的统一"，是各种造型设计的基本艺术规律。变化是图案创作的方法，没有变化图案就不会有丰富性，就没有生命力；统一是一种对各要素的总体管辖，是将变化进行有内在联系的安排与调整。

　　自然界的一切物象千变万化，形态各异，在五彩缤纷的自然形态中，既繁复杂乱，又协调融洽。这是自然界的"对立统一"的规律。服饰图案和其他艺术创造一样是客观事物的反映，它必然要反映和体现这一自然规律。只有变化，没有统一，会出现杂乱无章的结果；只有统一，没有变化，就会出现呆滞、死板的现象。任何一门艺术，各种不同的因素杂乱无章地混在一起不会引起美感，只有使各种关系按照一定的规律使它们和谐一致才具有美感。变化和统一是两个不同的概念，既对立又互存。多样的统一，是美的一种基本规律，主要体现在变化中求统一，在统一中求变化。

　　统一与变化是图案构成的基本规律。一幅图案的设计，由一种或两种以上不同的形和色构成。这些不同的形和色构成的图案，就具备了变化的因素，如果要取得协调的效果，就要使变化的因素达到视觉上的统一。只有做到了服饰图案的内容与形式的统一、局部与整体的统一、层次与空间的统一、调和与对比的统一，才能取得图案形式的美。

一、统一的设计原则

　　统一，是指图案中各种因素的一致性，避免图案杂乱无章，使图案取得整体、谐调。统一的方法是，首先是造型方面的统一，即不同形体组织在一起的统一。如直线、曲线、方形、圆形等组成的画面，处理时要找出它们之间的统一因素，以达到多样统一的目的。（如图1.3.1中，大部分造型为弧线造型统一。）其次是色彩的统一，可用同类色、邻近色，或黑、白、灰色，使图案画面形成统一色调。最后是方向、位置等方面的统一。

二、变化的设计原则

　　变化，是指图案中各种因素的区别、差异，如图形的大与小、方与圆，形与形排列的高与低、疏与密和不同的方向：色彩的明与暗、冷与暖，色相差别变化等效果。

　　在图案设计中，变化的一方总是寻求丰富一些、复杂一些的设计元素；统一的一方总是寻求简单一些、扼要一些的设计方法。服饰图案设计的基本法则就是要创作出既有整体的统一，又有局部的变化，既动静适宜、宾主分明，又主题突出的完美图案。（如图1.3.2中，6、7、8三个数字的肌理效果变化，使整个图案充满动感；图1.3.3中，橘红的火焰长度和位置的变化，使整个图案充满生气与活力；图1.3.4中，服饰图案大小、疏密的变化，使这件衣服显得年轻时尚，备受年轻人喜爱。）

图1.3.1　图案的统一

图1.3.2　图案的变化

图1.3.3 图案的变化　　　　图1.3.4 图案的变化

第四节　现代服饰图案的发展

一、服饰图案的起源

我国服饰图案的历史源远流长，服饰图案的发展，可追溯到人类早期的原始时代。原始人为了御寒、护体、遮羞，用树叶、树枝、兽皮围身。为了表现自己或美化身体，或吸引异性，或原始图腾崇拜，或祭祀、巫术等需要，用有色泥土和兽血纹身或纹面部，也采用划破身体进行"刺青"装饰。也有用兽骨管、牙齿、贝壳、石子等材料串成饰链佩戴在身体上作装饰或宗教形式的表现，这些可以看成是服饰图案的最早起源。

人类通过生产劳动创造了物质文明，也创造了精神文明，原始人在改造大自然的过程中，逐渐发现了自然界中的美，并逐步掌握了它的规律。自然界中美的规律一旦被人们所掌握，反过来又促进了改造自然的能力。装饰图案就是人们在生产劳动过程中产生和发展起来的。正如恩格斯所说："形的概念完全是从外部世界得来的，而不是头脑中由纯粹的思维产生出来的。"

人类文明一开始，就以绘制图案纹样作为美化、记录生活的重要手段，以狩猎的动物等为题材，在日常生活中进行图案绘画。在世界上有名的西班牙阿尔塔米拉洞之野牛、鹿、猪等动物图画以及法国拉·费拉西洞在石板上画的野兽头部等，就是代表作品。中国新石器时期的彩陶图案，是古代人民装饰纹样的典范。我们可以从东西方原始图案上看到对称、均衡、匀称等图案构成的基本原理。（图1.4.1、图1.4.2）

图1.4.1 西班牙阿尔塔米拉洞之野牛图案　　　图1.4.2 将军崖岩石稷神崇拜图

二、服饰图案的发展

爱美是人类的原始本性，原始人类虽然过着极其简陋的生活，但也总是根据现有的条件装扮自己。他们在头上插朵野花或羽毛，用兽骨、贝壳、小石砾、植物等穿起来套在脖子上，或纹身或纹面，这都是原始人对装饰美的要求与表现，而且还包括博得他人赞赏和爱慕的意图。人类学家曾断言：在大多数的原始社会中，有不穿衣服的民族，没有不装饰的人群。原始人类为了达到美观、实用的目的或某种象征意义的标志，往往在自己身体上或服饰上绘制不同类型的纹样装饰，可见服饰图案在它萌芽时就具有装饰与实用的特性。

服装的产生，在中国古代有"衣皮带茭"之说。也就是说在人类初期，由于生产力水平太低，只能利用未曾加工过的自然界之兽皮、树叶为衣着。在西方，根据《圣经》（即《旧约全书》）中《创世纪》第三章记载："亚当和夏娃偷吃了生命树的果子以后，眼睛明亮了，才知道自己是赤身裸体的，便拿无花果树叶，为自己做裙子。"从在法国南部奥瑞纳村发现的 3 万年前的列斯比尤格的维纳斯裸女雕像看，在雕像丰满的臀围下面刻有垂直的线条，有类似腰襃之类的装饰，即以植物的叶做衣服，类似"带茭"，说明在旧石器时代人类已有了打扮的意识，也证明了中外古代原始社会人类生活的相似性。从中国文献资料来看，服饰图案到了父系社会黄帝时期就比较鲜明而完备了。据《后汉书·舆服志》记载："黄帝尧舜垂衣裳而天下治。盖取诸乾坤。日月星辰、山龙华虫，作缋宗彝，藻火粉米，黼黻缔绣，以五彩章施于五色作服。"这就是传说中服装的十二章图案纹样：日、月、星辰、龙、山、华虫（雉鸟）、宗彝（虎、猴图案）、藻（水草）、火、粉米、黼（斧形）、黻（亚形）。（图 1.4.3）这说明我们这个"衣冠王国"很早就开始在服装上应用图案了。

奴隶社会后期，服饰图案则以更加精美、细腻而著称，其纹饰与青铜器图案相类似。青铜器图案以云、雷、水、植物纹样为主要形式，还有饕餮纹、夔纹、蛇纹、蝉纹、鸟纹、鱼纹、羊纹、几何纹以及具有图腾象征的龙凤纹、怪兽纹等，构图以回形纹为主。同时，商代人已熟练地掌握了纺织技术，并改造织布机，能织造出提花织物。从出土的商代、周代文物上看，陶俑服装上的领口、袖口、衣襟、腰带，都有几何图案作装饰。到了春秋战国时期，服饰图案受到同期漆器图案的影响，造型精美严谨，构图规整多样，配色华美而调和。（图 1.4.4）

图 1.4.3　十二章纹服饰

图 1.4.4　先秦服饰图案

服饰图案设计与应用

　　秦汉时代，封建制统一了中国。尤其是汉代，是中国文化发展的兴盛时代，服装的面料也更丰富多彩，出现了丝、毛、麻、棉织品。丝织物中最具有代表性的锦，其纹样以动物、植物为主题，风格粗犷豪放，古朴秀美。（图1.4.5）

　　唐代的织锦图案，题材广泛，技法娴熟，造型丰满，色彩艳丽，体现了一种积极向上的时代精神。花卉图案运用成熟，官服多用鸟、雀花纹为题材，按照不同品级，施以不同纹样及色彩，体现了唐锦华丽的艺术风格。唐代的"宝相花纹"、"唐草纹"等图案一直影响后世服饰图案风格的发展，如明、清时的团花、皮球花图案以及波浪骨骼的二方连续花边图案等。

　　宝相花纹与龙凤图案一样是人为创造的，由几种不同花卉综合而成，取牡丹的丰美、莲花的舒展、石榴的圆润与吉祥含义，表达了人们对美好生活的期盼。唐草纹是唐代卷草纹的最常见的组织形式，既可作单独纹样，又可作连续纹样。卷草纹花叶翻卷自如、体态优美，可随意地连接装饰和组织变化，使唐代服饰纹样丰富多彩。（图1.4.6）

图1.4.5　汉代服饰图案　　　　　　　　图1.4.6　唐代服饰图案

　　宋代继承了唐代服饰图案，并有所发展，服装面料产品丰富，丝织生产主要以江南为主，其中蜀锦和缂丝织物图案突出，纹样组织灵活、构图自由，多以写生折枝花为主。宋代服装多在衣襟、袖口、背子边缘、裙边、下摆等部位用纹样进行装饰；提花图案更加丰富，色彩有红、绿、紫、黄、蓝等色，体现了宋代人的审美倾向。

　　由于宋代丝织业的大发展，丝织品的产量、质量与花色品种都有较大的增长与提高。如锦一类的产品就有40余种，另有罗、绢、绫、纱、绮等。纹样中有如意牡丹、百花孔雀、遍地杂花、缠枝葡萄、霞云鸾、穿花凤、宝相花、天马、樱桃、金鱼、荷花、梅兰竹菊等。民间吉祥图案也得到发展，有锦上添花、春光明媚、仙鹤、百蝶、寿字等。但相对唐代比较其服装款式变化不大，显得拘谨和保守。（图1.4.7）

　　元代蒙古族人喜欢采用捻金线和片金两种工艺织造织物，使织物呈现金色光泽的形式，这种面料叫"纳石失"，产量很大。元代除了织金工艺外，还继承了宋代的丝织业，花色图案亦日益增多，著名的织物形式有"十样锦"，即：长安竹、雕团、象眼、宜男、宝界地、天下乐、方胜、团狮、八搭韵、铁梗蘘荷。元代还从征服地区吸收大量外来文化，引用缅甸锦、回回锦及波斯图案等外来纹样进行装饰变化。（图1.4.8）

图 1.4.7　宋代服饰图案

图 1.4.8　元代服饰图案

　　明代是我国古代服饰图案遗产最丰富、存世最多的时期，宋代的吉祥图案到明朝时已发展至鼎盛时期，大多运用谐音、会意手法。将吉祥祝福之词应用在纺织品或服装上，加深人们的审美感受，表达了人民大众对美好生活的愿望。如以松树仙鹤寓长寿，以松竹梅图案寓岁寒三友，以鸳鸯寓夫妇和谐美满，以石榴寓多子多福，以凤凰牡丹比喻富贵。又如谐音图案有以瓶子、鹌鹑表示平安，以荷花、盒子、玉饰表示如意，以蜜蜂和猴子表示封侯当官，以瓶子上插上三把战戟表示平升三级，以莲花鲇鱼表示连年有余等。

　　明代锦缎图案中最著名的有落花流水纹样、如意团花纹样等。明代服装面料上的花纹图案如缠枝花卉、满地规矩纹、龟背、龙凤、球花团案、折枝花鸟和织金胡桃等花色十分丰富。明代图案总的特点是结构严谨，造型简洁而丰富、色彩浓烈而富丽、构图简练而醒目。（图 1.4.9）

　　清代缂丝织物遗存较多，图案纤细繁缛，层次丰富。清代丝织品在艺术上有巨大成就，表现在图案上为取材广泛，配色丰富明快，组织紧凑活泼，花色种类多样，制作细腻精巧，构图讲求层次变化。（图 1.4.10）

图 1.4.9　明代服饰图案

图 1.4.10　清代服饰图案

　　鸦片战争以后，我国沦为半封建、半殖民地社会，图案艺术也随之出现了颓废、没落的局面。新中国成立以后，服饰图案艺术和其他艺术一样，古为今用，洋为中用，推陈出新，健康地向前发展。特别是 2001 年在中国上海召开的"亚太经济论坛领袖峰

服饰图案设计与应用

会"，各国领导人都穿上了中国"唐装"，这在世界范围内掀起了"中装"热，使我国的服饰图案得到了发扬。随着社会的发展和人民生活水平的不断提高，人们对服饰图案艺术的需求也不断地得到普及和提高。

三、服饰图案的风格

1. 服饰图案的象征性

中国古代的十二章纹，是官员们穿用的礼服图案，从它产生之日起就含有一定的象征意义，如"日、月、星辰"，取其照临光明，如三光照耀；"龙"，取其应变如神，象征王者善于变化，应机布教；"山"，取其稳重的性格，象征王者威镇四方；"宗彝"，取其忠孝；华虫(雉鸟)取其纹丽，表示帝王文章有彩；"藻"，取其洁净；"火"，取其焱火向上，比喻黎民百姓归顺帝王；"粉米"，取其白米养人，滋养之意；"黼"，取其斧意，斧有刃，表征决断；"黻"，为两刃相背，取其明辨。在长期的封建社会中，统治阶级的官服，又形成了"文官绣禽、武官绣兽"的图案，禽类图案表示纹丽；兽类图案象征威武。

服饰图案的象征性是与不同民族、不同宗教信仰和不同社会习俗联系在一起的。例如欧洲国家有些民间服装的装饰纹样是含有一定宗教色彩的，如某些衣服领口和下摆边缘所装饰的花卉植物图案，三片叶子象征圣父、圣子和圣灵三位一体，四片叶子象征四部福音，五片叶子代表五位使徒。此外，鸽子代表圣灵，百合花象征圣洁，橡树显示天主的神圣和永恒的力量等。由此看来，服装图案的审美意识，不论中外都富有一定的象征性，这种象征性具有普遍意义。（图1.4.11、图1.4.12）

图 1.4.11　中世纪泰奥多皇后及其侍从服饰图案　　图 1.4.12　西班牙贵妇服饰图案

生活在封建社会底层的人民服装图案不论是吉祥图案的应用，还是罗裙衣衫绣花，也都表现着一定的象征意义，正像《艺术与视知觉》的作者，美国人鲁道夫·阿恩海姆所说："作为某个被识别对象一部分的装饰艺术品，具有一种特殊的性质，它的内容，是受到被装饰物所具有的特征制约的。"这就是说，服饰图案设计应受到图案所含有的象征性的制约，不是什么图案形象都能用在服装上的。

2. 服饰图案的继承性

中国近代服装继承和发展了传统的服饰图案，并赋予了新思维与新内容。一般而言，近代的服装大多消除了古代图案所含有的阶级意识与迷信色彩，而继承了古代服饰图案的纹丽与吉祥如意的内涵。如服饰面料锦缎上织绣的图案以"福"作蝙蝠形、以"寿"作八宝形等。它反映了人民在自己劳动的基础上对自己美好生活的祝愿，福寿如意图案历史悠久，是我国宝贵的遗产。（图1.4.13 福寿如意图案的玉质吊坠是玉器店中常见款式，因为其寓意深刻而被很多人喜爱。）

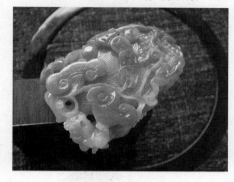

图1.4.13　福寿如意图案的玉质吊坠

图案和其他艺术一样，是人们意识形态的反映，社会的政治、经济、哲学、文化直接或间接地影响着服饰图案的发展。所以，在传统图案里，有的反映了当时的审美观点和艺术趣味，也有的带着明显的继承烙印。

"龙凤呈祥"图案，积淀着社会的价值和内容，凝聚着中华民族的审美意识，代表着东方传统纹样，不但表现出高贵富丽的美感，也寓意着炎黄子孙们"龙的传人"的感情。（图1.4.14、图1.4.15）

图1.4.14　"龙凤呈祥"玉佩

图1.4.15　"龙凤呈祥"装饰图案

在花卉图案中，梅、兰、菊、竹也是古代传统的纹样，赋有特定的社会内容和审美意识，称为"四君子"，所谓观梅、兰而感其格调高雅，见竹、菊而慕其正直高洁，人们并不是一味追求这类花卉的形式之美，而是爱其不畏霜雪的品质，表现着自己崇高的志趣，这是中华民族特有的审美意识。故这类图案也深受华侨们的欢迎。（图1.4.16）

今天，在"古为今用"、"推陈出新"的新思维下，批判地继承古代图案这份遗产，对繁荣我国服装设计事业具有非常重要的作用。

图1.4.16　喜鹊登梅图案

服饰图案设计与应用

3. 服饰图案与着装者

服饰图案与服装穿着者相结合，表现出不同的气质风度。服饰图案在一定程度上表现穿着者所追求的情趣，适应穿着者的个性化。（图1.4.17、图1.4.18所示两款外套款式完全相同，但是由于图案的不同，适应不同穿着者，图1.4.17适合年轻女性，而图1.4.18更加适合年轻男性。）一般而言，青年人适用于花型富于变化的衣料，有朝气、活泼、开朗的感觉；中老年人则适用于中、小花型及素雅、高贵的衣料，符合中国人的审美习惯，给人以文静稳重之感；童装图案应用最多，风格形成完全依赖小孩的性别、年龄段，例如，在女童装上，绣印上花卉、蝴蝶、金鱼、白兔、猫咪等图案，能衬托孩子的活泼、乖巧、可爱；在男童装上，绣印上狮子、大象、金丝猴、飞机、火箭等图案，不但能表现出孩子们的天真活泼的性格，更能显示出男孩子大胆而富有进取的天性。

图1.4.17　适合年轻女性的外套　　　　　图1.4.18　适合年轻男性的外套

服饰图案设计也与人的体型有关，胖人要求花型图案宜小不宜大，大花型有增大视觉量的感觉，会显出着装人更加肥胖。体型娇小者，图案花型不宜小花素色，因为这样有收缩视觉范围的作用，也不宜使用太大的花型，否则花型与体型之间失去协调，应在设计时考虑这些着装对象的因素，做到"以人为本"的设计理念。

总之，服饰图案可使服装增添艺术魅力。随着人们生活水平的日益提高，人们不断积累不同风格的服装，并不断装扮自己，逐渐成为人们文化欣赏的重要内容，服饰图案将越来越多地加入男女服装设计及童装设计之中，使它成为审美的重要组成部分，担负着美化生活、装扮社会的实用功能。

课后思考

1. 服饰图案概念是什么？
2. 服饰图案有什么特征？
3. 什么是服饰图案的设计原则？
4. 现代服饰图案的发展历程是怎样的？

1. 在项目任务下完成中国传统服饰图案市场调研报告一份。
2. 在项目任务下完成服装品牌服饰图案市场调研报告一份。

第二章　服饰图案的表现方法

知识目标

　　1. 了解形式美的基本要素；

　　2. 了解形式美的基本规律；

　　3. 了解服饰图案的表现形式。

能力目标

　　1. 能掌握点、线、面、体设计的基本要素；

　　2. 能了解和掌握服饰图案构成的基本原理、基本方法和工艺技巧，突出图案造型的形象性特点，透过具体的图案形象分析，理解原理；

　　3. 能了解掌握图案与服装的关系及应用方法；

　　4. 通过系统性的学习，培养良好的造型观念、审美观念、市场消费观念及设计能力；

　　5. 能理解服饰图案形式美的基本规律；

　　6. 能运用形式美的设计法则进行服饰图案的设计；

　　7. 能了解和掌握服饰图案的表现形式，并能根据设计要求选择合适的表现形式进行设计。

第一节　形式美的基本要素

　　图案的形式美是透过图案的组织结构、色彩配置、材质运用构成的形象体现出来的。形式美的法则是人类在长期的艺术实践中，以人类大多数的生理、心理需要为前提总结而成的，是创造美的形式方法。掌握和运用形式美的法则，对图案构成是极其重要的。

　　在服装设计中的应用服装造型属于立体构成范畴，服装设计也就是运用美的形式法则有机地组合点、线、面、体，形成完美造型的过程。点、线、面、体既是独立的因素，又是一个相互关联的整体。一项优秀的服装设计也就是在服装中对各个因素独具匠心的应用，同时又使整体关系符合美学基本规则。与整体间的数量比值，对于服装来讲比例也就是服装各部分尺寸之间的对比关系。

一、点的基本技法

　　点在空间中起着标明位置的作用，具有注目、突出诱导视线的特征。点在空间中的不同位置及形态以及聚散变化都会引起人的不同视觉感受。（图 2.1.1）

　　1. 点在空间的中心位置时，可产生扩张、集中感。

2. 点在空间的一侧时，可产生不稳定的游移感。

3. 点的竖直排列能产生直向拉伸的苗条感。

4. 较多数目、大小不等的点作渐变的排列可产生立体感和视错感。

5. 大小不同的点有秩序的排列可产生节奏韵律感。

在服装中小至纽扣、面料的圆点图案，大至装饰品都可被视为一个可被感知的点，我们了解了点的一些特性后，在服装设计中恰当地运用点的功能，富有创意地改变点的位置、数量、排列形式、色彩以及材质某一特征，就会产生出其不意的艺术效果。（图 2.1.2）

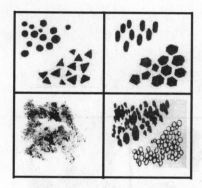

图 2.1.1　点的基本技法

图 2.1.2　点表现鞋子图案

二、线的基本技法

点的轨迹称为线，它在空间中起着连贯的作用。线又分为直线和曲线两大类，它具有长度、粗细、位置以及方向上的变化，不同特征的线给人们不同的感受。（图 2.1.3所示线的基本技法，水平线平静安定，曲线柔和圆润，斜向直线具有方向感。同时通过改变线的长度可产生深度感，而改变线的粗细又产生明暗效果等。）

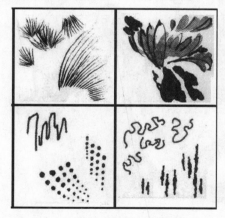

图 2.1.3　线的基本技法

图 2.1.4　Dior 礼服上用线装饰

在服装中线条可表现为外轮廓造型线、剪辑线、省道线、褶裥线、装饰线以及面料线条图案等。服装的形态美的构成，无处不显露出线的创造力和表现力。法国的迪奥（Dior）就是一位在服装的线条设计上具有其独到见解的世界著名时装设计师，他相继推出了著名的时装轮廓 A 型线条、H 型线条、S 型线条和郁金香型线条，引起了时装界的轰动。（图 2.1.4 Dior 礼服上用线装饰设计过程中，巧妙改变线的长度、粗细等比例关系，将产生出丰富多彩的构成形态。）

三、面的基本技法

线的移动轨迹构成了面。面具有二维空间的性质，有平面和曲面之分。面又可根据线构成的形态分为方形、圆形、三角形、多边形以及不规则偶然形等。不同形态的面又具有不同的特性，例如，三角形具有不稳定感，偶然形具有随意活泼之感等。面与面的分割组合，以及面与面的重叠和旋转会形成新的面，面的分割有以下几种分割方式：直面分割、横面分割、斜面分割、角面分割。在服装中轮廓及结构线和装饰线对服装的不同分割产生了不同形状的面，同时面的分割组合、重叠、交叉所呈现的平面又会产生出不同形状的面，面的形状千变万化。同时面的分割组合、重叠、交叉所呈现的布局又丰富多彩。它们之间的比例对比、肌理变化和色彩配置，以及装饰手段的不同应用能产生风格迥异的服装艺术效果。（图 2.1.5）

图 2.1.5　面的基本技法

四、体的基本技法

体是由面与面的组合而构成的，具有三维空间的概念。不同形态的体具有不同的个性，同时从不同的角度观察，体也将表现出不同的视觉形态。（图 2.1.6）

体是自始至终贯穿于服装设计中的基础要素，设计者要树立起完整的立体形态概念。一方面服装的设计要符合人体的形态以及运动时人体的变化的需要；另一方面通过对体的创意性设计也能使服装别具风格。例如日

图 2.1.6　体在服装设计中的运用

本著名时装设计师三宅一生（Lssey Miyalci）就是以擅长在设计中创造出具有强烈雕塑感的服装造型而闻名于世界时装界的代表人物，他对体在服装中的巧妙应用，形成了个人独特的设计风格。

第二节　形式美的基本规律

图案构成的形式法则，也称图案设计艺术规律，包括变化与统一、对称与均衡、条理与反复、节奏与韵律、对比与调和等。

学习和掌握这些图案设计形式美的规律，就学会了表现图案艺术的语言，这有助于我们提高服装图案设计的审美水平与图案的造型、构图、配色的创造能力。

一、变化与统一

变化与统一是图案形式美的基本法则。在人类生存的大千世界里，各种事物之间一方面存在着千差万别的多样性；另一方面又因千丝万缕的联系而呈现出浑然一体的统一性。这种普遍特征在人的头脑中自然地、反复地、深刻地得到反映。生活、劳动、艺术实践使人们形成了"变化与统一"的观念，成为艺术表现最基本的规律。变化与统一的辩证关系是图案发生和发展的一条普遍规律，也是构成图案形式美的基本法则。

在图案设计中，生动、活泼、丰富多彩的变化常常是通过对比的手法产生的，即运用相异或相反的因素相互反衬，使图案产生醒目、强烈、突出、活跃的视觉效果。例如，形的大小、方圆的对比；线条的粗细、曲直、长短的对比；色的明暗、冷暖对比；材料上的光洁和毛糙的对比等。而条理、秩序、和谐整体的统一则常常是通过调和手法产生的，即运用性质相同或相近的因素相互谐调，使图案呈现出融合、单纯、统一、平静、柔和的视觉效果。例如，纹样形态上的调和、组织上的调和、色彩上的调和、表现方法上的调和等。（图 2.2.1、图 2.2.2）

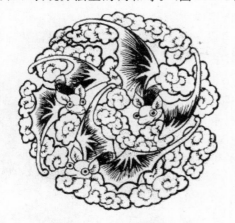

图 2.2.1　方向变化形态统一

图 2.2.2　内部组织变化形态统一

变化和统一是对立的，又是相互依存的。在一幅图案里，必然具备变化和统一两方面的因素。在具体作品中，通常会较多地倾向某一方面。倾向变化因素较多的作品，显得生动、丰富或有动感，但处理不好会产生杂乱感。倾向统一因素较多的作品显得庄重、和谐或有静感，但处理不当会显得呆板或单调。

在统一中求变化，在变化中求统一，变化和统一互相对立又互相烘托。局部变化，整体统一，局部服从整体，可以使图案作品成为一个有变化的统一体。

二、对称与均衡

平衡是形式美的法则之一，而对称与均衡则是使画面达到平衡的主要形式。对称，是指左右或上下的均齐；均衡，是指人们追求视觉上的安定感。在图案设计中，对称也称均齐，均衡又称平衡。对称与均衡，是图案组织的两种基本形式，是在图案设计中寻求稳定平衡和重心平衡的两种方法。

对称是一种绝对平衡，是美感的最常见形态，它给人的感觉是秩序、庄严，呈现一种平和安静的美。（图2.2.3）自然界中对称的美表现在各个方面，如人体的躯干、四肢、五官都是对称的，其他动物的生长结构，如蜻蜓、蝴蝶、牛、马、羊等，绝大多数也都是对称的，这种在视觉感官上取得的力的平衡，会给人一种完美感。假如一个人，缺少四肢的某一部分，或五官缺少一个耳朵和眼睛，就有不美的感觉。

图 2.2.3　对　称

对称是相同的重量或相同的纹样等距离配置在对称轴的两侧，是一种同形同量的组合。我国传统的建筑，大多是对称的，特别是宫殿、庙宇的建筑设计，以及一些建筑屋顶上的"藻井"图案（殿堂棚顶上的图案）也多采用对称的表现形式。这种对称式的建筑和图案，显示着"皇权"和"神威"，象征"稳定"和"一统"。在人们日常生活中，对称设计的形式应用很多，如婚礼所用"双喜"红字，一方面，表现成双成对的美；另一方面，在形式表现上，也凸显安定的美感。

均衡，是心理平衡的形式。均衡形图案设计不受中轴线和中心点的约束，设计时较灵活自由。均衡形图案虽然不以中轴线作为构成依据，但在纹样、色彩配置各异的情况下，从视觉和心理上给人的感觉，依然有稳定、平衡、优美的效果。

均衡形图案一般采用等量、异形、异色的组织手法，有时也采用同形异量或异形异量的手法，在组成结构上保持均衡状态（图2.2.4），这些图案虽然看不到中轴线，但是仍然很均衡。均衡式是通过调整画面重心，使纹样在组织构成中，上下、左右都达到均衡效果的图案形式。

图 2.2.4　均　衡

三、条理与反复

由于装饰的需要，图案必须具有条理、整齐的美感；由于制作的工艺性，反复的组织形式能为图案装饰过程和工艺带来省时、省力、省料的多种方便。因此，条理与反复便成为图案组织的重要原则。

条理就是把复杂多样的自然形态，归纳成为有条理、有规律的图形，甚至可以达到"程式化"的程度，使图案形象表现出整齐的美感。（图2.2.5）

反复是同一图形有规律地重复出现，从而产生快慢、轻重、缓急的多种节奏图案

图 2.2.5　图案的条理与反复：花朵和蝴蝶外形的处理

设计中，比例与分割的关系一定要符合人的审美习惯和审美经验，达到视觉心理的平衡美感。既要遵循"数"的规律，又要大胆灵活处理，注意分寸感、整体感。（图 2.2.5）

　　条理是有条不紊；反复是在一定空间距离内的重复出现，产生连续的效果。自然界里的动植物中的许多现象都呈现出条理与反复这一规律。禽鸟类身上的羽毛排列、鱼鳞的生长状态、叶片的秩序排列、水中的涟漪等都是重复或渐变的现象。在生活中，属于条理与反复的例证不胜枚举。

　　条理与反复具有整齐、统一与和谐的美感。二方连续图案、四方连续图案就是表现了条理与反复的美。在图案设计中，凡是有秩序排列的造型，冷暖、明暗、纯度的变化与呼应的色彩或在构图中出现聚散、轻重、虚实，都会呈现条理与反复的形式美感。（图 2.2.6）

四、节奏与韵律

　　节奏和韵律是服饰图案设计常用的手段方法，节奏与韵律是指伴随着时间流动，表现在视觉秩序上的运动美感。节奏与韵律可以使图案形成统一和谐、强弱刚柔、旋转流动、发射聚散、浓淡明暗等形式美感。

图 2.2.6　图案的条理与反复

　　节奏是事物一种特有的机械运动规律，节奏本身没有形象的概念。韵律是指节奏之间转化时所形成的特征，如轻快、缓慢、平稳、激越、起伏等变化。韵律使节奏富有表现意味，能引起人们感情上的共鸣，这一点在音乐作品、诗朗诵中比较容易领会。（图 2.2.7 图案的节奏与韵律：女装褶皱形成的纹样起伏有致，衣身红色与包边白色色彩搭配给人轻快之感。）

　　自然界中，植物叶片分布、枝叶疏密关系、花瓣的渐层排列、藤蔓的卷曲和伸展、飞禽羽毛排列及虎豹斑马等动物斑纹的隐现等，都有节奏、韵律的因素。在图案设计中，只要运用大小、高低、强弱等渐变关系或转换、聚散、反复、间隔、跳动等

图 2.2.7　图案的节奏与韵律

手段，按一定的比例尺度加以图案装饰组合，就能得到有节奏、有韵律的形式美。

五、对比与调和

服饰图案设计经常表现对比美与调和美。

对比与调和是图案设计的重要条件。对比是变化的一种方法，调和是统一的具体表现。在图案造型、色彩、组织和构图中，对比与调和始终是相互依存、相互依赖、相互促进的。一般遵循的原则是"整体调和，局部变化"。以调和为主体出现图案设计会产生严谨、素雅、端庄的美感风格，只要在设计中加入一些对比的变化，就会避免容易出现的呆板、冷峻的缺点。以对比为主体出现的图案设计会产生活泼、热烈、生动、多样性和差异性，只要在设计中加入一些统一的要素，就会避免凌乱、繁杂、动荡的缺陷。总之要尽量做到适当地安排，在调和中求变化，在对比中求调和。（图2.2.8所示脸谱用了中国红和绿，形成强烈的对比；图2.2.9所示图案用的全是暖色调，强调了调和。）

图 2.2.8　图案的对比　　　　　　　　　图 2.2.9　图案的调和

第三节　服饰图案的表现形式

服饰图案是一种装饰手段，它通过艺术加工，把服装设计中的装饰需要，用独特的图案语言表现出来，主要特征就是在手工艺制作、产品用材、销售对象等条件制约下形成的一种特殊的装饰风格和表现形式。

图案表现技法多种多样，根据不同的要求、不同的构思、不同的图案而灵活采用不同描绘技法。同一图案采用不同的描绘手法，可分别画出几种不同的效果，作为技法练习，是为了适应将来在生产工艺上的需要。随着科学技术的发展和人们知识面的不断开阔，技法表现也在不断地丰富与发展。

一、点线面表现法

点、线、面的描绘技法是图案的基本技法，在图案描绘中起着不可替代的作用，分别讲述如下：

（一）点绘表现

点可以组成纹样中的线，也可以形成图案中的面。用点绘形式可以画出图案纹样的明暗、深浅、层次、立体感等，增加装饰效果。点绘形式可使画面细腻含蓄、丰富和表现层次。点有方点、三角点、圆心、大点、小点、规则点与不规则点之分。通过点的大小排列、疏密安排、轻重缓急、虚实对比等变化使图案出现不同的艺术效果。画点可用绘图针管笔、毛笔、钢笔、签字笔等完成，也可以根据不同的需要采用不同材料来画点绘，如用海绵点、丝瓜筋点、喷刷点等。（图2.3.1）具体应用如下：

（1）用点表现服装图案的轮廓、结构；

（2）用点表现服装图案的明暗关系、层次关系；

（3）用点表现服装图案的装饰性效果；

（4）用点衬托服装图案的虚实关系。

图 2.3.1　点绘表现

图 2.3.2　线描表现

（二）线描表现

线描与点绘的作用相似，既可描绘形体轮廓与结构，又可分隔块面，丰富层次，表现一定的明暗关系，增强画面的生动感。线有粗线、细线、虚线、实线、直线、曲线和规则的及不规则的线。线描，即用单线描出，也称白描，它具有刚柔、坚韧、挺拔、优美、明净和朴实的特点。如直线有坚定、刚劲、挺拔感觉；曲线有优美、婉转、流动、弹性感。服装图案中线的应用相当广泛。我国传统图案中线的运用更为我们提供了借鉴、学习的范本。

勾线法是线描中具有代表性的技法，是用笔勾线来表现图案造型特征。常采用勾均匀线、粗细线、起伏线等。（图2.3.2）

（三）块面表现

以块面表现服装图案形象，也是一种常用技法。（图2.3.3）

二、渲染法

渲染和退晕方法是使颜色由深到浅、由浓到淡逐渐过渡的两种技法。但渲染和退晕不同，退晕的深、中、浅几种色彩有一条明显的界线，而渲染的深浅过渡方面没有明显界线，如同国画工笔的方法，用颜色来表现图案造型的明暗、光润、色泽、细腻和加强立体感。渲染技法宜表现写实的形象，

图 2.3.3　块面表现

具有柔和、滋润、生动活泼的效果。绘画特点及技巧：在水分比较多的情况下，将颜料自然过渡晕开，画面呈现自然逼真的效果。（图2.3.4）

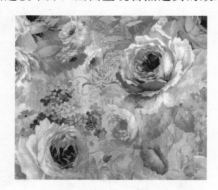

图2.3.4　渲染法

图2.3.5　撇丝法

三、撇丝法

撇丝法，是用毛笔蘸颜料画成较为密集而工整的线条，可以是整齐均匀密集线，也可是顿挫、粗细、疏密有致的密集线，是表现服装图案的明暗、质感，增加层次，增加立体感，增加表现力的有效方法。特点是生动、活泼，多在印染图案中应用。

撇丝可用毛笔表现，也可用化妆笔、描眉笔等多种工具，使形象精美完整。绘画特点及技巧：利用勾线手法将线条头重尾轻向外撇出。（图2.3.5）

四、枯笔法

枯笔又称干笔、燥笔，是以较秃的笔蘸干而浓的颜色迅速扫出枯涩的效果。要求下笔要稳，动作要快，用笔干脆利落，形成干涩、古雅、敦厚的美感。（图2.3.6）枯笔法的表现方法也比较多样，在具体运用时要选用符合画面风格及情感的方法。

绘画特点及技巧：将没有沾水的画笔蘸上颜料，利用笔锋较明显的笔触效果，形成较朴实的画面效果。

图2.3.6　枯笔法

图2.3.7　喷绘法

五、喷绘法

喷绘是通过气泵的压力，利用喷笔或喷枪喷射出颜料的细微颗粒，表现形象明暗层次的一种方法，一般适合表现写实的题材或大面积的渐变过渡及微妙变化的底色。如果没有气泵压力来源，也可用牙刷蘸色，以笔杆拨动刷毛进行喷制，还可用牙刷蘸色，在尼龙窗纱上扫动制作。喷笔产生的渲染效果比手工渲染更为滋润、柔和、生动活泼。具体操作是将图案画好后，用纸板镂空，再以喷笔在镂空处喷制，一种色彩需一块镂空纸板。喷制色彩水分要适当，色彩太干或水分太多，都不易喷制，会影响艺术效果。（图2.3.7）

六、拼贴法

绘画特点及技巧：利用不同材料（面料、纸、绳、树叶、昆虫等）拼贴成画。（图2.3.8）

七、电脑制作法

绘画特点及技巧：利用电脑绘图软件处理图案。Photoshop、Coreldraw、Illustrator CS等软件处理图案在商业生产中常见。（图2.3.9）

图2.3.8　拼贴法

图2.3.9　电脑制作法

八、综合运用

是指两种或两种以上技法结合运用。如点与线结合，枯笔与喷笔结合等。综合运用可使画面丰富，可以达到多样统一的效果。

课后思考

1. 点、线、面、体设计的基本要素是什么？
2. 服饰图案的表现形式有哪些？
3. 什么是服饰图案构成的基本原理？
4. 什么是服饰图案形式美的基本规律？
5. 怎样运用形式美的设计法则进行服饰图案的设计？

1. 在项目任务下完成点、线、面、体的图案设计各 4 份。
2. 在项目任务下根据设计要求选择合适的表现形式完成图案设计 8 份。

第三章 服饰图案的构成形式

知识目标

　　1. 了解服饰图案的基本构成形式；

　　2. 掌握自由纹样、适合纹样、角隅纹样的特点和绘制方法；

　　3. 掌握二方连续纹样、四方连续纹样的特点和绘制方法；

　　4. 掌握不同类型服饰图案构成形式在服装中的应用。

能力目标

　　1. 具备利用服饰图案构成知识完成图案基础构成的绘制能力；

　　2. 培养学生对服饰图案基础构成的应用能力、图形设计能力。

　　服饰图案根据其构图特点可以分为两大部分：独立性图案和连续性图案。独立性图案包括：自由纹样，适合纹样，角隅纹样。自由纹样是具有比较完整而相对独立的纹样形式，不受任何严谨外轮廓的限制。在服饰上应用广泛，显得活泼自由，特别是在夏季穿用的 T 恤、泳装、休闲款式时装及各种服饰配件上的图案更是如此。

第一节 自由纹样

　　自由纹样不受外轮廓的限制，单独构成和应用，其组织排列可分为对称的与不对称的两种形式。

一、对称式自由纹样

　　对称式组织规则，纹样采用上下或左右对称以及等分配置等格式，结构严整，庄重大方。（图3.1.1、图3.1.2）

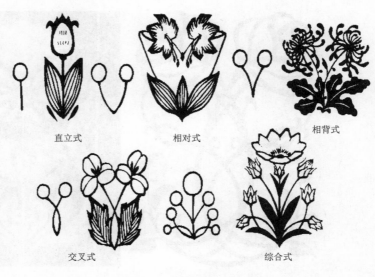

直立式　　　相对式　　　相背式

交叉式　　　综合式

图 3.1.1　对称式自由纹样

图 3.1.2　对称式自由纹样

二、均衡式自由纹样

均衡式，也称自由式，格式自由，纹样保持一定的平衡状态，灵活优美。（图3.1.3、图3.1.4）

图 3.1.3　均衡式自由纹样

图 3.1.4 均衡式自由纹样

三、自由纹样在服饰中的应用(图 3.1.5 至图 3.1.7)

图 3.1.5 自由纹样用在服装前片

图 3.1.6 自由纹样用在服装背面的设计

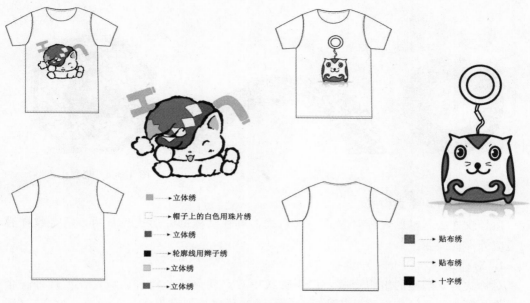

图 3.1.7　自由独纹样在 T 恤衫中的应用

第二节　适合纹样

适合纹样的组织、形象、色彩等受到一定外轮廓限制，依据不同的内容表现在不同的轮廓内，使之适合。适合纹样的特点是具有整体严谨、规律性强，应用范围广，当外形轮廓的边框去掉以后，由外形围合设计的图案纹样仍然会保持着轮廓的外形。

一、适合纹样的基本形式

(一)适合纹样的基本外形

适合纹样的外形轮廓常见的有：圆形（图 3.2.1）、方形（图 3.2.2）、三角形（图 3.2.3）、椭圆形、半圆形、环形（图 3.2.4）、扇面形、菱形、鸡心形、梅花形和规则（图 3.2.5）与不规则的多边形。

图 3.2.1　圆形

图 3.2.2　方形

图 3.2.3　三角形

图 3.2.4　环形　　　　　　　　　　图 3.2.5　规则多边形

(二)对称与均衡式构成

适合纹样的基本形式分对称式与均衡式，单独纹样的外形比较自由，适合纹样必须适应外形的需要。

1.对称式

对称式是有规则的组织形式，以中轴或中心点划分几个相等区域，先设计好一个纹样作为基本纹样，依次移入其他单元区域。对称式一般有以下几种形式：直立式(图3.2.6)、放射式(图3.2.7、图3.2.8)、旋转式(图3.2.9)。

图 3.2.6　直立式

图 3.2.7　放射式

图 3.2.8　放射式

图 3.2.9　旋转式

2. 均衡式

均衡式是一种不规则的自由格式，纹样安排异形同量，设计纹样布局匀称、疏密穿插；虚实照应、形态生动。（图 3.2.10）保持平衡状态并强调韵律，才能收到优美的效果。

图 3.2.10　均衡式

二、设计适合纹样

由于适合图案属于填充纹样，要适合某种预定的轮廓外形之内来组织设计内部纹样，因此设计要求：主题突出贡献，布局灵活；形象舒展、变化丰富多样；要求避免强行填塞的设计方法，也要避免使纹样故做伸张或生窝硬折等弊病。

例如，一圆形适合纹样设计步骤。（图3.2.11）

（一）初稿设计

先按比例画一圆→设定骨骼形式→构图定位→展开设计→添加素材→色彩设计

1. 先按比例画一圆。（图3.2.11a）
2. 设定骨骼形式。（图3.2.11b）
3. 构图定位，选择好的构图（前者比后者好）。（图3.2.11c）
4. 展开设计。（图3.2.11d）
5. 添加素材。（图3.2.11e）
6. 色彩设计。（图3.2.11f）

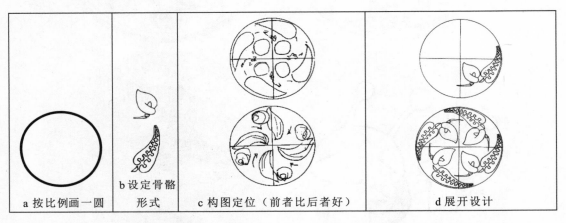

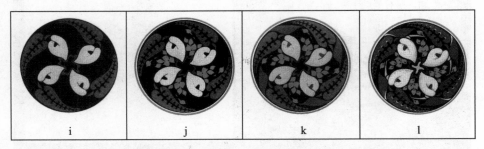

图3.2.11　适合纹样设计步骤

（二）正式绘制

1. 将完成的构图拷贝到正稿的用纸上（厚画法中如有底色可先将底色涂好）。（图 3.2.11g）

2. 依照图形的轮廓涂上颜色，一般先涂大面积，后涂小面积，再涂细节。（图 3.2.11h～l）

三、适合纹样的应用

适合纹样的应用极广：建筑中从天顶到地面，从窗格到门扉；现代室内中地毯到床单、窗帘；服装中上衣到裙。（图 3.2.12 至图 3.2.14）

图 3.2.12　适合纹样在服装领口的设计

图 3.2.13　适合纹样在肚兜的设计

图 3.2.14　适合纹样在帽子的应用

第三节　角隅纹样

一、角隅纹样的基本形式

角隅纹样又称边角图案,是边框图案与角图案的合称,也属于单独纹样的一种。角隅纹样的构成有对称式(图3.3.1)和自由式(图3.3.2至图3.3.4)两种。多应用于90°上下角形之间,它与一般适合形图案不同的地方是,除直角和两条直角边线以外,另外两个角和一条斜边往往没有严格的适形要求,处理上也可以比较灵活随意,在结构形式上仍以均齐、平衡形为主。

图 3.3.1　对称式角隅纹样

图 3.3.2　中心自由式角隅纹样

图 3.3.3　完全自由式角隅纹样

二、角隅纹样的应用

角隅纹样是一种装饰在形体边缘转角部位的纹样，大多与边缘转角的形体相吻合。如领角、衣角、头巾方角、地毯角、包袋边角等，在服装上面应用较少。

图 3.3.4　完全自由式角隅纹样

第四节　二方连续纹样

一、二方连续纹样的基础知识

（一）认识二方连续的特征

二方连续又叫花边图案或带状纹样，是将一个特定的基本单位纹样，按一定的格式向左右、上下或倾斜方向有规律地反复排列所形成的连续形图案。

(二)二方连续的骨架

二方连续的骨架格式很多，常见的有以下几种：

1. 散点式

就是基本单位纹样之间有一定的距离，但纹样间须相互呼应（图 3.4.1），这个基本纹样的散点，可以是自然形、几何形、人造形等。

图 3.4.1　散点式

2. 倾斜式

直立式的格式，如果变成倾斜角度，就成了倾斜式二方连续了。（图 3.4.2）

图 3.4.2　倾斜式

3. 直立式

单位纹样的方向是垂直的，可以向上，也可以向下（图 3.4.3、图 3.4.4），根据纹样的题材特征及人们的欣赏习惯而定。

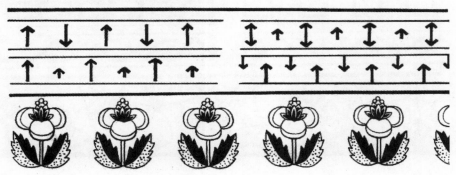

图 3.4.3　直立式

图 3.4.4 直立式

4. 折线式

以一个或集团组成的单位纹样，沿折线的格式，按照一定的空间、距离、方向进行连续排列所得到的即是折线式二方连续图案。（图 3.4.5、图 3.4.6）

图 3.4.5 折线式

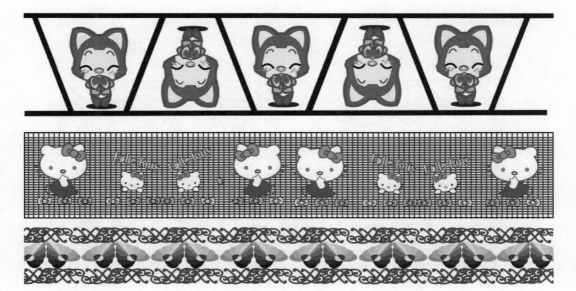

图 3.4.6 折线式

5. 波纹式

以一个或一个集团纹样组成单位，沿波状线的格式，按照一定的空间、距离、方向进行排列，形成优美的波纹式二方连续。（图3.4.7）可以单波线，也可以双波线并列或双波线相交构成。双波线构图应有粗细变化，或有强弱对比。

图 3.4.7 波纹式

6. 综合式

凡综合两种或两种以上的格式组成图案，叫做综合式二方连续。（图 3.4.8）这种形式要注意达到以一种格式为主，另一种格式为辅，主题形象突出，层次感强的艺术效果。

图 3.4.8 综合式

（三）掌握二方连续纹样的连接方法

二方连续纹样的连接方法，主要是掌握纹样的连接点。连接点是指两纹样相接处的关系面的处理，其视觉处理效果应该完整、严谨、优美、巧妙、自然。二方连续连接点的方法可归纳为平接、错接、意连接、交叉接、锁接、间接、斜接、拼接、绞接等。在处理连接点中，平接要显得自然；错接要含蓄；意连接是一种间接过渡的连续感觉，要处理得巧妙；交叉接要隐含；锁接要优美简洁；间接要体现呼应与关联；斜接要体现方向与运动感；拼接要处理成统一感；绞接要强调柔和。

二、设计二方连续纹样

（一）二方连续纹样图案的绘制过程（可参考图 3.2.11 适合纹样设计步骤）

1. 选择一种花型或形状作为图案表现的对象，分别利用所学的二方连续的表现格式进行构思。

2. 将构思好的格式进行草图的绘画。

3. 将画好的草图按设想中格式进行拷贝成正稿。

4. 把拷贝好的图形开始进入着色阶段，在着色之前，也要对整个图案的色彩有个完整的设想。

5. 图案的基本色调画好后，开始对整个画面进行调整，调整的目的是让图案的色彩更为完美和统一。

（二）二方连续纹样的设计方法与要领

1. 二方连续纹样的方向性

二方连续纹样的方向性是指单位纹样的结构安排的方向选择，要符合人们的视觉习惯，如悬垂式结构不宜采用倒置的人物、建筑物等纹样；散点式结构中对称连续不要采用文字，否则会出现对称后的反字现象。

2. 二方连续纹样的节奏感、韵律感

二方连续图案构成特别讲究组织结构的节奏感和韵律感。这反映在两个单位纹样相衔接的处理、纹样的疏密、线条的起伏、排列的急缓以及色彩的变化上。（图 3.4.9）

图 3.4.9　二方连续图案的节奏感、韵律感

三、二方连续纹样在服饰中的应用

二方连续从古代最简单服装中的点线连续，发展到以花、鸟、风景、人物为题材的带饰、花边。（图3.4.10）由于取材的不同，结构也随之发生了变化，服装衣襟图案的二方连续已经突破了传统的双边线框式结构，使服装显得很现代、很时尚。传统旗袍和少数民族服装经常应用二方连续纹样的横式图案进行装饰，如领边、袖口、裙下摆和各种饰物等，在服装设计中，能巧妙地应用二方连续纹样的横式纹样图案，将给服装增添不少的美感。（图3.4.11）

图 3.4.10　二方连续在童装花边上的应用

图 3.4.11　二方连续在少数民族服装中的应用

二方连续图案，在中年人服装上使用有平和安静的美，在青年人服装上使用有苗条挺拔之感，在少女服装上使用有活泼、青春和动人的魅力。二方连续纹样的横式纹样呈水平方向的连续形式，能增加服装的安定美、会产生平稳大方、娴静柔和的审美效果，同时也会引导视线向左右拉伸，产生横向拉宽之感。（图3.4.12至图3.4.14）

图 3.4.12　美来艳取服饰二方连续图案

图 3.4.13　美来艳取服饰二方连续图案

图 3.4.14　二方连续花样的毛织服装

第五节　四方连续纹样

一、认识四方连续纹样

四方连续纹样是指一个单位纹样向上下左右四个方向反复连续循环排列所产生的纹样。这种纹样节奏均匀，韵律统一，整体感强。四方连续纹样广泛应用在纺织面料、室内装饰材料、包装纸等方面。

按基本骨式变化分，四方连续纹样主要有散点式四方连续纹样、连缀式四方连续纹样、重叠式四方连续纹样三种组织形式。

（一）散点式四方连续纹样

散点式四方连续纹样（图3.5.1）是一种在单位空间内均衡地放置一个或多个主要纹样的四方连续纹样。这种形式的纹样一般主题比较突出，形象鲜明，纹样分布可以均匀齐整、有规则（图3.5.2），也可自由、不规则（图3.5.3）。但要注意的是，单位空间内同形纹样的方向可作适当变化，以免过于单调、呆板。

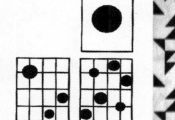
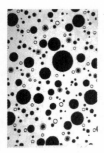

图3.5.1　散点式基本骨架　　　　图3.5.2　散点式规则排列　　　　图3.5.3　散点式不规则排列

规则的散点排列有平排和斜排两种连接方法：

1. 平排法单位纹样中的主纹样沿水平方向或垂直方向反复出现。（图3.5.4至图3.5.5）

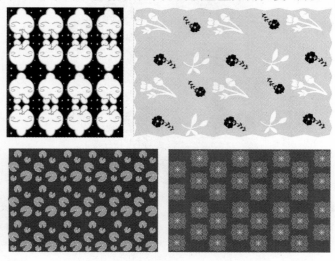

图3.5.4　散点式平排

图 3.5.5　散点式斜排

2. 单位纹样中的主纹样沿斜线方向反复出现，又称阶梯错接法或移位排列法，是纵向不移位而横向移位，也可以是横向不移位而纵向移位。由于倾斜角度不同，有 1/2、1/3、2/5 等错位斜接方式。（图 3.5.6、图 3.5.7）

图 3.5.6　错接四方连续

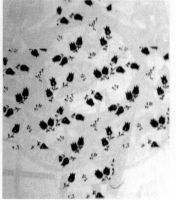

图 3.5.7　错接四方连续

（二）连缀式四方连续纹样

连缀式四方是以可见或不可见的线条、块面连接在一起，产生强烈的连绵不断、穿插排列的连续效果的四方连续纹样。常见的有菱形连缀（图3.5.8）、波形连缀（图3.5.9）、阶梯连缀（图3.5.10）、四方连续式连缀（图3.5.11）、二方连续式连缀（图3.5.12）等。

图 3.5.8　菱形连缀

图 3.5.9　波形连缀

图 3.5.10　阶梯连缀

图 3.5.11　四方连续式连缀

图 3.5.12　二方连续式连缀

(三)重叠式四方连续纹样

　　重叠式四方连续纹样是两种不同的纹样重叠应用在单位纹样中的一种形式。一般把这两纹样分别称为"浮纹"和"地纹"。应用时要注意以表现浮纹为主，地纹尽量简洁以免层次不明、杂乱无章。(图 3.5.13、图 3.5.14)

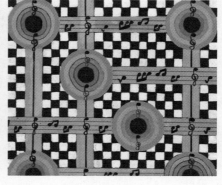

图 3.5.13　几何地纹与花卉散点浮纹重叠构成

图 3.5.14　散点地纹与散点浮纹重叠构成

二、设计四方连续纹样

图案设计要细致、工整、美观。四方连续基本单元要合理,图案设计的拼接要紧凑。图案要与服装结合完美,要充分考虑面料的图案造型、色彩以及应用的材质效果。由于四方连续图案属于可延续纹样,要适合某种预定的横向或纵向的延续效果,因此设计单位组织纹样时要反复推敲,设计要求:主题突出,布局灵活;形象舒展、变化丰富多样;四方连续的构思,单位面积必须是四角垂直,切断线要光洁,这样才能保证在上下片移动中严密合缝;注意图案的色彩搭配要和谐。

例如,四方连续纹样设计步骤(步骤见图 3.5.15)。

(一)初稿设计

先按比例画一方形→设定骨骼形式→构思草图,选择好的构图→展开设计,添加素材→色彩设计。

a 按比例画一方形	b 设定骨骼形式

c 构思草图，选择好的构图（前者比后者好）

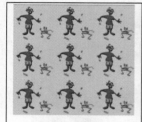 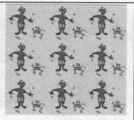 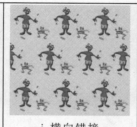 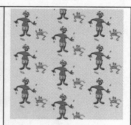

d 展开设计，添加素材	e 色彩设计	f 先将底色涂好	g 拷贝构图单元

h 拷贝图案	i 依照轮廓涂上颜色	j 横向错接	k 纵向错接

图 3.5.15　四方连续纹样设计步骤

1. 先按比例画一方形。（图 3.5.15a）
2. 设定骨骼形式。（图 3.5.15b）
3. 构思草图，选择好的构图（前者比后者好）。（图 3.5.15c）
4. 展开设计，添加素材。（图 3.5.15d）
5. 色彩设计。（图 3.5.15e）

（二）正式绘制

将单元拷贝到正稿上→在底色上拷贝图案→依照图形轮廓涂上颜色

1. 将完成的构图单元拷贝到正稿的用纸上，厚画法中如有底色可先将底色涂好。（图 3.5.15f～g）

2. 依次在涂好底色的正稿上拷贝好图案并涂上颜色（按顺序涂色，一般先涂大面积，后涂小面积，再涂细节）。（图 3.5.15h）

3. 依照图形的轮廓涂上颜色。（图 3.5.15i）

4. 请注意图案单元的横向错接和纵向错接会产生不同的图案效果。（图 3.5.15j～k）

服饰图案设计与应用

三、四方连续纹样在服饰中的应用
（一）用四方连续的格式设计各类花布图案

了解四方连续纹样的特点，结合所学知识进行花布图案设计。通过欣赏，观察，收集各类花布资料，掌握花布图案设计原理，进行花布图案设计并将其表达出来。（图3.5.16）

图 3.5.16　花布图案

58

组织四方连续纹样时，要注意到连续后的整体效果，如果是装饰用布的面料，单位纹样的排列可以是单方向性的，像各种幕帘纹样大多是向上的，或悬垂式的；如果设计的是四方连续纹样面料，考虑人们的欣赏习惯及裁剪方便，花纹的配置可多向性。

（二）四方连续纹样在设计中的应用

四方连续纹样在纺织服装的应用极广，服饰设计中从服装到服饰（图 3.5.17）；家居设计中从窗帘、床单到地毯。

图 3.5.17　四方连续纹样在服装设计中的应用

（三）四方连续纹样在服装成衣中的应用（图 3.5.18 至图 3.5.21）

图 3.5.18　斜阳巷里服饰

图 3.5.19　四方连续纹样在服装成衣中的应用

图 3.5.20　四方连续纹样在服装成衣中的应用

图 3.5.21 四方连续纹样在服装成衣中的应用

课后思考

1. 图案的构成形式有哪些？
2. 服装图案的构成形式在服装设计中如何应用？

 实训项目

1. 设计一条方巾，其中应体现本单元所学的图案构成形式。

2. 设计一款以自由纹样作为主要装饰的"T 恤"。

3. 设计一款女裙，其下摆饰有花边，要求画出裙款与花边，并画出花边明细图。

4. 应用四方连续图案设计一款女装，表现女性的柔美，只要纹样效果即可，另附图案纹样 1：1 或 1：2 效果。

第四章　服饰图案的综合设计

设计的过程是复杂而有趣的，设计效果的好坏是设计综合素质高低的体现。对影响设计的各种要素的思考，对完善设计的各个环节的认识，以及对实施方案的可行性分析是保证服饰图案设计效果的根本。

第一节　服饰图案设计的思维方法

知识目标

1. 了解服饰图案设计的思维方法；
2. 掌握服饰图案设计的装饰原则。

能力目标

1. 培养学生对于服饰图案设计构思的能力；
2. 培养学生在设计中关注市场、了解流行趋势的能力；
3. 培养学生市场调研与分析能力及产品定位能力。

一、服饰图案的设计与表达

（一）培养设计思维的前提：设计信息的导入与组织

当我们对流行信息进行分析和组织，找出构成流行的因素，并作出相应的设计反应，就能产生新的事物和设计方法。这就是信息的导入与组织，通常它分为直接信息、间接信息和相关信息等几个方面。

1. 直接信息

直接信息就是来自于现代传播手段和宣传媒介所展示的服装图片、服装表演、面料料样、流行色彩等视觉印象的直观感受。

2. 间接信息

间接信息来自于人们对生活时尚的关注与敏锐的观察，并对这个时期流行服饰的分析，结合当前消费者心理、生活装束、详细的市场调研而得到反馈信息，并以此对未来发展方向作出预测和判断。

3. 相关信息

相关信息来自于社会进步和科技发展带来的审美观念的转变，新的价值观带来的新思潮，高科技带来的纺织技术革命，使设计面临新的挑战。

（二）设计思维的来源：主题概念的推出

主题概念的确定和推出是我们认识设计、组织设计、完善设计的主要依据来源，由此产生的设计主题明确，产品指向性强，具有自身特点，设计思路清晰有着继续延伸的发展空间。主题概念的推出可以从年代主题、地域主题、季节主题、文化主题等方面进行思考。

1. 年代主题

针对历史上某个时期衣着服饰流行的时代背景，结合现代审美，进行有效的提炼和升华，引发人们对那个时代的关注和回忆，满足现代人来自多方面的精神需求。

2. 地域主题

指在人们印象中较有影响和特色的带有浓厚地域色彩和风土人情的地区，带给人们在设计上的联想，从而推出的设计主题。

3. 季节主题

季节对于设计师来说是一个非常重要的时间概念，对所处地区产品设计的季节周期、温差变化等方面的掌握，有利于设计对产品作出有针对性的调整。

4. 文化主题

主要来自对文学作品、哲学观念、审美趣向、传统文化、现代思潮以及设计发展的广泛关注和领悟。

（三）设计个性的树立

对产品而言，具有个性的设计就是有特点的设计。个性是设计师经过长期积累和总结所形成的设计风格和设计特点。设计的个性特征，包括设计师的生活简历、文化修养、知识结构等方面，需要一个漫长的积累过程。

当我们学会树立设计思维的方法，在表达时则需要我们依据服饰图案设计的原则来进行。

二、服饰图案的装饰原则与方法

（一）服饰图案的装饰原则

1. 图案要符合穿衣人的个性特征

不同年龄、不同性别，以及不同审美修养的人对图案的要求是不相同的。图案与穿衣人的个性相协调，能增强服装的审美功能。如：儿童喜欢卡通图案，色彩鲜艳、造型可爱；年轻人喜欢能反映流行时尚的图案；老年人喜欢规范、稳重的几何图案；女性喜欢色调柔和、温馨的具象图案；男性喜欢坚实、沉着的抽象图案。

2. 图案要与服装的款式协调

（1）图案的风格要与服装的款式相协调。

因为图案通过纹样和色彩可以呈现出多种风格。如：服装的款式具有民族传统的风格，一般不宜采用时尚感很强的图案去装饰；时尚感很强的服装款式，则应采用传统味较强的图案。（图 4.1.1）

图 4.1.1　高田贤三服装发布会

（2）图案要与服装上相应的装饰面协调。

图案运用于服装都会占有一定面积，图案的纹样以及组织形式应与装饰面的形状、面积相适应。如：用图案装饰半截裙，可以用适合纹样装饰裙片的一角，也可以用二方连续纹样装饰的下摆，纹样的位置、走向以及二方连续纹样的宽窄，都要与裙子的整体风格协调。（图 4.1.2）

图 4.1.2　二方连续纹样的运用使服装的线条感更加强烈，增加了更多的趣味性。

3. 图案加工工艺要与服装材料协调

（1）服装上的图案要通过一定的工艺手段与服装材料结合在一起。

图案不同的工艺手段有不同的装饰风格。如：印染、机织工艺显得比较简单；手绘、刺绣工艺会显得比较精细；十字绣和抽纱绣显得古朴、规范；苏绣和湘绣则显得华贵、绚丽。（图 4.1.3）

图 4.1.3　古典与现代的结合通过工艺和材料的表现让服装的质感更加强烈。

(2)不同的服装材料其质地和外观风格也各不相同。有厚薄、软硬、粗细、质朴、华贵之分。（图 4.1.4）

图 4.1.4　薄与厚的对比

(3)图案的加工手段与服装的材料协调能使图案起到更好地丰富服装变化的作用。如：常见的棉针织 T 恤上印适当的图案，会使 T 恤显得更加潇洒、活泼。（图 4.1.5）

图 4.1.5　图案的运用使简单的 T 恤变得更加活泼、随意。

(二)服饰图案的装饰方法

1. 为特定的服装设计图案

(1)当服装面料没有花纹或表面肌理变化平淡时，可结合服装的造型风格用适当的图案来丰富服装的变化。

(2)为特定的服装设计图案时，要合理地安排图案的位置、面积、纹样、结构、色彩以及图案的工艺形式，使图案与服装的款式、色彩、材料完美地结合起来。

2. 用花布设计服装

花布上的纹样和色彩一般都具有某种风格。把握住花布的风格，并让花布与适当的款式结合，是运用花布设计服装的诀窍。

　　服装是以组合的形式出现的，当进行整体设计时，图案的运用要注意服装的整体效果。上装运用了特定图案，下装则以单色材料来表现。如果一定要用图案，那图案的造型最好与上装的特定图案相呼应。若外衣运用了特定图案，显露出来的内衣最好用无花纹的单色材料来表现。让上、下、内、外的图案巧妙搭配，能丰富服装的层次感。

　　在今天，服饰图案的应用意义更在于增强服饰的艺术魅力和精神内涵，它需要通过视觉形象的审美价值，将人文底蕴的特征功用价值具体表现出来。由于人们对服饰的需求日益趋新、趋变和趋向个性化，而服饰图案能以其灵活的应变性和极强的表现性特点适应这些要求，所以其应用的意义愈显重要，服饰图案在服装设计中，是继款式、色彩、材料之后的第四个设计要素，过去，它往往被繁复的服装造型所掩盖，一直处于附属地位，随着社会发展，使现代服装在造型上趋于简单，更注重局部的精致。而图案的合理运用，有机点缀，有时则往往会有画龙点睛之效，在浑然天成、绝妙搭配之下，使人顿生桃红柳绿、红花绿叶的美感。特别是当前卫风逐渐兴起，时尚服装各领风骚、各色各样夸张、另类的图案被印在醒目部位，从而使服装更加标新立异，在人们新奇的目光中，我们惊叹图案的艺术魅力，使人们的个性化得以更完美地展现。

第二节　女装图案设计

知识目标

　　1. 了解女装设计与市场需求的关系；

　　2. 掌握女装图案设计元素及特征。

能力目标

　　1. 培养学生的女装产品开发能力；

　　2. 培养学生在产品开发中关注市场、了解流行趋势的能力；

　　3. 培养学生的市场调研与分析能力及产品定位能力；

　　4. 培养学生在女装设计中的图案设计能力，以及草图绘制与电脑稿绘制能力。

自产生服装设计的概念以来，服装的装饰性就成为设计中一个不可或缺的亮点。而在女装设计中对于其服装装饰性的重视程度可谓是重中之重。

女装图案设计的分类

女装服饰设计中图案从题材上以花草等植物为主，兼有动物及其他。由于花卉图案形态优美、姿态生动，色彩丰富，常被人们认为是幸福美满的象征，因此诸如玫瑰、牡丹、康乃馨、百合、水仙、郁金香等花卉常在高级女装中作为面料图案出现。而在一些局部装饰如领口、袖口、裙摆等部位也常常使用这些花、草、叶、果作为图案元素进行造型，将蔓枝藤草形象作为帽饰搭配等，为女性形象增添无限魅力。（图 4.2.1）

图 4.2.1　写实花草纹样真实、细腻、直观，表现服装与穿着者的自然美感。

(一)动物图案

有较强的象征意义，比如在我国龙凤图案被视作吉祥纹样，成为许多礼服的常用纹样。（图4.2.2）

图4.2.2　动物图案的运用让服装穿着者的个性更为加强，让人过目不忘。

(二)人物图案

形象生动、姿态优美、造型新颖多变，在服装中、服装配件里都多有使用。（图4.2.3）

图4.2.3　人物图案以人物形象为原型进行夸张变形，成为视觉传达的一个新的载体，使服装迎合当今人们对个性表达的追求。

（三）传统吉祥图案（图 4.2.4）

图 4.2.4　传统吉祥图案利用人们对传统图案的熟悉和喜爱来传达其"图必有意，意必吉祥"的含义，与新的服装样式相结合也带来一种新的冲击。

（四）自然现象图案

主要指宇宙间和自然界的天气现象，常给人以变化、流动、科幻、宏观超然的感觉。（图 4.2.5）

图 4.2.5　似行云，似流水，服装与图案变化相结合，带给观者灵动脱俗的感觉。

（五）几何抽象图案

抽象纹样是高度开阔自然中的形态，运用点、线、面单独或交叉组合的多变形式再现。在女装中运用得非常广泛，其经久不衰且富有发展变化，服装造型多简洁、夸张，使女性形象更为挺拔秀美。（图4.2.6）

图 4.2.6　几何图案强调其自身的视觉冲击力。它那单纯、简洁、明了的特点及严格的规律性很符合现代文明的价值取向和人们的审美趣味。

图案的内容如此丰富，其在高级女装中的运用也是变幻多姿的。女装设计中，高级女装尤其离不开装饰图案，无论是装饰纹样还是立体装饰图案，失去了装饰图案，高级女装就很难生存，装饰图案是创造高级女装美好形象的重要手段。没有服装的有效载体，图案的艺术性就不能充分地表现，同时服饰文化也让装饰图案更加大放异彩。（图4.2.7）

图 4.2.7　用印花面料和单色面料搭配制成的礼服，单线面料的色彩和印花面料花纹的主题色彩一张一弛，大大增强了服装的艺术品位。

 课后思考

女装服饰图案设计都有哪些方面需要注意？

 实训项目

设计一套裙款并应用纹样图案设计。
要求：1. 使用元素变形，注明应用部位，要求画平面款式图并附设计说明。
　　　2. 附图案纹样页面 1∶1 效果。
　　　3. 作品手绘稿尺寸 8 开。

第三节　男装图案设计

知识目标
　　1. 了解男装设计与市场需求的关系；
　　2. 掌握男装图案设计元素及特征。

能力目标
　　1. 培养学生的男装产品开发能力；
　　2. 培养学生在产品开发中关注市场、了解流行趋势的能力；
　　3. 培养学生的市场调研与分析能力及产品定位能力；
　　4. 培养学生在男装设计中的图案设计能力，以及草图绘制与电脑稿绘制能力。

一、男装图案设计的特征

　　对于服饰图案来说，其作用在于增强服饰的艺术魅力和精神内涵。男装的服饰图案在宣扬个性的同时，更强烈地表达了一种阳刚的气质。一般来说，男装中的图案设计大气雄浑，通过本身的美以及与色彩、材质、工艺的协调形成外在美和内在美的统一，或表现粗犷豪迈，或表现高贵庄重，丰富多彩的图案和多种多样的工艺手法，加强了男装的表现效果，更好地烘托出不同着装者的气质内涵。
　　不论是简约的几何印花、抽象的炫彩图案，还是崇尚自然的叶子及花朵图案、民族特色印花，甚至有些灵感来源于地毯、瓷砖、建筑方面的图案，以及数码印花的运用，让整个男装舞台看上去格外精彩纷呈。

二、男装图案设计的种类

(一)按工艺特点分类

现代服装生产多集中于工业化生产，以销售利润最大化为目的，在解决好面料的实用性方面，更多地看中其审美性，款式、结构、颜色、手感都是其重要的组成部分，但是在男装审美方面印花图案占有了相当的比重和优势。（图 4.3.1 至图 4.3.3）

图 4.3.1　印花工艺

图 4.3.2　绣花、油墨、贴布工艺

图 4.3.3　贴布绣工艺

（二）按图案内容分类

男装图案多以动物、风光、几何纹样、抽象图形居多。男装图案中的动物常表现惊嘶的马、奔腾的雄狮、翱翔的飞鹰等，表现男性的威力、勇猛、彪悍的性格特点。（图 4.3.4）

图 4.3.4　概念符号与个性图案的运用

三、男装图案的组合运用

（一）配套图案

当服装产生品牌文化或实用针对性时，对应的服饰图案的配套设计则应运而生，图 4.3.5 中运动装及球服产品的配套图案设计，包括色彩、图案、商标、装饰等。

（二）系列图案

通常指服装设计系列感的延续，以及在服饰图案的表现上有

图 4.3.5　运动系列的配套图案设计

共同点的设计。（图 4.3.6、图 4.3.7）

图 4.3.6　系列服装中"概念线条"的运用

图 4.3.7　秋冬系列在男装橱窗中的展示

 课后思考

男装服饰图案设计都有哪些方面需要注意？

实训项目

设计一套男式休闲装并应用纹样图案设计。

要求：1. 使用元素变形，注明应用部位，要求画平面款式图并附设计说明。

　　　2. 附图案纹样页面 1∶1 效果。

　　　3. 作品手绘稿尺寸 8 开。

第四节　童装图案设计

知识目标

1. 了解童装设计与市场需求的关系；
2. 掌握童装图案设计具体开发流程；
3. 掌握童装图案设计元素及特征。

能力目标

1. 针对具体实训项目，培养学生的童装产品开发能力。
2. 培养学生在产品开发中关注市场、了解流行趋势的能力；
3. 培养学生的市场调研与分析能力及产品定位能力；
4. 培养学生在童装设计中的产品整体架构能力、系列款式设计能力，以及草图绘制与电脑稿绘制能力。

一、童装设计与市场需求

（一）童装市场现状分析

在我国儿童人数众多(约占 4 亿)，随着生活质量的提升，儿童生长发育变快，童装的使用周期也逐渐减短，父母对儿童服饰的要求也逐步提高，我国童装市场和需求逐年增长，市场需求扩大，消费层次提高，童装品牌和设计也越来越多地受到重视。

童装的概念是指未成年人的服装，包括从婴儿、幼儿、学龄儿童至少年儿童等各阶段年龄人的着装，它是以儿童时期各年龄段孩子为对象制成服装的总和。

我们按照以上年龄标准可以把童装分为以下几类：

0—1 岁：婴儿期——婴儿装

1—3 岁：幼儿期——小童

3—6 岁：学龄儿童——中童

6—12 岁：少年期——中大童

12—16 岁：青少年期——大童

（二）童装市场品牌与产地

童装市场在中国有很大的发展空间，众多商家认为童装是服装行业最后一块蛋糕，大量的成人鞋服品牌都积极拓展其童装市场，或者直接由成人单品品牌转营童装品牌的，还有外贸企业以童装品牌经营的方式经营国内市场，并且国际大牌延伸童装品类也陆续进军国内市场，都企图从中分一杯羹。

国内童装市场的格局大致分布为：国内、国外品牌各占国内市场的一半。虽然有分别在一、二类或三、四类市场表现不俗的童装品牌，也有在各个区块各领风骚的区域童装品牌，但童装品牌集中度尚不高。

由于中高档童装市场竞争的加剧，并且随着国内消费水平的提高和国内儿童用品消费观念的改变，不但童装品牌进一步市场细分已经展开，婴幼儿装或少年装会有不少企业进入；同时，大众童装品牌可能会产生，高档甚至奢侈童装品牌也会应运而生。

米奇、ELLE、叮当猫、安奈儿、巴拉巴拉、芝麻开门、樱桃小丸子、叮叮郎、史努比、贝蒂、贝雷尔、哇哈哈、ABC、小数点、E-LINE等都是我们熟悉的童装品牌的代表。

兔仔唛、青蛙王子、奇宝乐园、东风百灵——产地：佛山

巴拉巴拉、红黄蓝、红蜻蜓、棵棵树——产地：温州

小熊维尼、博士蛙、米奇、史努比、丽婴房、雅多——产地：上海

派克兰帝、水孩儿——产地：北京

小淑女与约翰、肯迪尔、米酷儿、小猪嘟嘟、安奈儿、生肖王——产地：深圳

维蓓芘——产地：宁波

叮当猫——产地：汕头

西瓜太郎——产地：福州

(三)童装品牌案例分析

1. 案例分析——米奇

米奇是一种"形象＋概念"的营销方式，以卡通人物为设计主题的一个世界性儿童品牌，其主要生产销售4—14岁的儿童服饰，并以运动休闲服为主，多采用针织面料，色彩鲜艳，图案多围绕米奇和它的好友们身边发生的有趣故事而展开设计。(图 4.4.1)

图 4.4.1　卖场色彩鲜艳、以大幅卡通图案来吸引顾客，引导顾客选择。

2. 案例分析——史努比

1950 年 10 月 2 日一只漫画小狗诞生，在不久之后，它迅速走红，一举成为最受瞩目的"明星狗"。还于 1965 年 4 月登上《时代》杂志封面。时至今日，这只可爱的小狗和它的朋友们依然热度不减，不少产品纷纷以它们的形象进行设计。这就是史努比（Snoopy），又译多事狗、史诺比、史洛比、史奴比，是漫画家查尔斯—舒兹从 1950 年代起连载的漫画作品《花生漫画》中，主人翁是查理布朗养的一只黑白花的小猎兔犬。（图 4.4.2）

图 4.4.2 史努比图片：史努比漫画（1955 年选段）

鳄鱼品牌与史努比童装携手合作推出新的 Logo 和限量版 T 恤，使服装布满新意和可爱的气息。史努比可爱和复古的外观完整地符合鳄鱼的标记，提高了标记的活力。（图 4.4.3）

图 4.4.3 鳄鱼品牌与史努比童装合作推出的新 Logo

3. 案例分析——ZARA

1975 年设立于西班牙的 ZARA 是西班牙排名第一的服装零售商，在世界各地 56 个国家设立超过两千多家的服装连锁店。"一流的设计、二流的面料、三流的价格"一直是 ZARA 的经典口号，它开启了一个快速时尚时代，打造了一个了不起的平民时尚。这是 ZARA 品牌特有的气质。ZARA 在大卖成人流行服饰的同时开拓了童装部，这些童装一改国产童装粉红可爱路线，其服饰图案多用于时尚感的概念元素，服装中性、时尚，女童淑女、男童有型，让着迷于它的准父母们找到了品牌认同和延续感。（图 4.4.4）

图 4.4.4　ZARA 童装

二、童装图案设计元素及特征

（一）儿童心理和心理对服饰的要求

童装设计重点——实用、舒适、方便、个性、安全、启蒙
　　　　　　——款式、色彩、图案、品牌标识、面料、工艺

1. 婴儿的生理特点：无自理能力、头大身短、睡眠为主，其服饰特点要求按月份划分，每 3 个月为一时间段，其设计关键词为安全因素。图案宜简洁，色彩宜柔和。面料以纯棉为主，多为贴布或绣花。忌坚硬块状装饰物等。（图 4.4.5）

图 4.4.5　婴幼儿服饰图案多以可爱的卡通形象搭配柔和的色彩

2. 幼年儿童：生理特点——身高、体重增长较快，开始行走、跳跃，运动技能发展明显，有一定自理能力，服饰设计要方便穿脱，扣合物需安全容易使用，款式宜宽松但切忌夸张，图案可夸张鲜艳。

3. 学龄儿童：体型各异并在审美上有一定的主见，在图案和色彩上需要有一定男女个性体现，宜选用男女童喜爱的不同卡通人物形象为图案进行设计。

4. 少年儿童：体型形态由儿童逐渐向成人转变，开始出现性别特征，男女爱好有明显不同，因此在图案和色彩上需要有针对性，并加入中性色调和成熟感设计。（图 4.4.6）

图 4.4.6　D&G 2011 春夏童装

（二）童装图案设计特征

童装图案题材多以花草、水果、字母、玩具娃娃、拟人化动物、卡通人物等多品种组成。图案大多有圆润的廓形，这和人们对孩子的印象是差不多的，就图案构成上来说，点线面都是童装图案的重要构成方式，多种构成方式的结合形成了童装图案中多变可爱的风格造型。

1. 花朵图案

没有什么比女孩子穿花朵图案更加可爱和漂亮的了，幼童的女装中，花朵图案占了很大的份额，形态以圆形的多瓣小花居多，或者是以花朵做外形的卡通形态出现，或者是大面积小碎花平铺和立体花朵造型，花朵图案娇嫩可爱成为幼童女装的首选图案。（图 4.4.7）

2. 动物图案

动物是卡通书籍中的主角，在孩子们的心中，动物也是他们最开始的朋友，会带来亲近感，在图案设计上需要摈弃尖锐的棱角，将动物形象圆形化、卡通化，使之看起来可爱可亲，一般女童装宜选择温顺柔和可爱的动物形象，如兔子、猫咪等，男童装宜选择灵活或是有霸气的动物形象如猴子、狮子等。（图 4.4.8）

3. 字母数字图案

字母和数字由于变化多样和为人们熟悉而作为服装图案中运用得非常之多的一个部分，在童装中常把数字、字母造型做到可爱圆润，让人一眼就能感觉出儿童的特质。（图 4.4.9）

图 4.4.7 欧洲品牌 Catmini 善于运用浪漫的色彩和图案，将童装与高级时装完美结合。

图 4.4.8 卡通动物图案是童装中的主要表现元素。

图 4.4.9　字母图案传递品牌信息的同时，也为童装增添无限趣味因素。

（三）童装图案设计色彩特征

在童装设计中，色彩是吸引人眼球的第一要素，大部分童装都结构简单，因此一个好的配色直接影响到设计的整体效果，童装用色多趋于明亮、鲜艳、柔嫩的色彩，但由于各阶段儿童对色彩喜好度与认知度的不同，加之父母对各个时期儿童的形象期待值不同，在各个时期流行色的影响下，在具体配色方面会存在一定的差异。

1. 高明度高纯度配色

在婴儿时期，孩子的视觉系统还未发育成熟，太过艳丽、纯度过高的色彩会刺激到婴儿的视力，并容易使之产生焦躁不安的情绪，因此多在色彩中混入白色来降低其色彩纯度提高明度成为浅淡色彩是婴儿服装的主要选择，如粉红、粉蓝、淡黄色等，这样的色彩会让人觉得孩子娇嫩可爱，并且能被婴儿本身认可接纳，而且浅淡的色彩容易发现污渍，以便于婴儿时期的清洁。

在孩子进入幼儿时期，开始变得活泼好动，服装图案在用色上除了延续一贯的高明度色彩外，同种色、类似色的搭配或以加大色彩明度差达到明快活泼的效果，来产生一种融合、亮丽的印象。幼儿在服装图案的镶拼和贴补上常采用面积大小对比组合来达到一个整体和谐的效果。运用对比色或补色的搭配能产生鲜明生动的效果，与幼儿这一时期的性格特征很协调，如红色与黄色，橙色与绿色的搭配。（图 4.4.10）

图 4.4.10　鲜艳明亮的色彩是童装的一大特色。

2. 黑白配色

现代童装设计中，与传统色彩理念不同，设计师迎合市场和消费者的需要，在众多娇艳童装色彩中，大胆启用黑白色彩，以黑白两色衬托孩童的天真与稚嫩，多样化地运用黑白两极色彩，通过不同的拼接镶嵌、点线面的不同搭配将其灵活多变地应用于童装设计中。（图 4.4.11）

图 4.4.11　黑白色彩搭配在女童服饰中的运用

（四）工艺元素

在童装的工艺元素中，常用到绣花、贴布、印花等工艺，而绣花包括电脑和手工绣花，在服装的批量制作中多采用电脑绣花技术，在童装中绣花多用于小范围装饰和点缀，因为绣花均有一定厚度，如使用范围过大会影响童装的手感，从而使孩童穿着舒适感降低。

印花工艺使用在童装中多用胶浆与水浆印花，水浆印在服装上手感柔软不会影响面料原有的质感，覆盖力也不强，适合浅色面料，价格便宜，多用于做底大面积印花。胶浆覆盖性能好，有一定光泽度和立体感，但会有一定硬度，故不适合大面积印花。（图 4.4.12）

图 4.4.12　图案通过不同工艺的运用，产生不同的装饰效果，带来丰富的层次感。

(五)图案仿生设计:

在童装的设计中,图案多为平面装饰,即通过印花和绣花等手法将图案平面呈现,而近年来逐渐兴起的立体装饰手法将整体服装制造成具体卡通形态,打破了传统服饰图案设计的方式,也是现在被多数父母喜爱的造型,很多父母都乐于让自己的孩子看起来卡通可爱,因此在市场上的受欢迎程度很高。其仿生设计又可以分为局部特征装饰和卡通形态配色来达到不同的设计效果。而卡通动物造型连身衣则直接将服装制作成卡通动物的形态,将图案和结构充分结合,让服装呈现整体动物造型。(图4.4.13)

图4.4.13　各种仿生设计哈衣

(六)童装图案的系列组合运用

参考一下童装品牌图片思考服饰图案系列组合运用技巧。(图4.4.14)

图4.4.14　亚卡迪2011系列童装

课后思考

1. 童装服饰图案设计需要从哪几个方面入手？
2. 如何抓住不同年龄段的儿童进行服饰图案设计？
3. 怎样做童装的图案系列设计？

实训项目

自选服装品牌图案元素，做童装系列图案设计。

要求：1. 注明应用部位，要求画平面款式图。

2. 设计单独纹样，恰当地安排在服装的局部。

3. 附图案纹样页面1：1效果。

4. 作品手绘稿尺寸8开。

第五章　常见服饰图案工艺

知识目标

1. 了解印花图案工艺的种类、特点和流程；
2. 了解绣花图案工艺的种类、特点和流程；
3. 掌握图案手绘艺术具体开发流程；
4. 了解洗水图案工艺的种类和特点；
5. 掌握综合图案装饰工艺的应用技巧及操作方法。

能力目标

1. 针对具体实训项目，培养学生服饰产品图案的开发能力；
2. 培养学生在图案设计中注重工艺特点、了解流行趋势的能力；
3. 培养学生图案设计的草图绘制及电脑稿绘制能力；
4. 培养学生服饰产品设计中对不同图案工艺的综合运用能力；
5. 培养学生服饰图案的设计及推广能力。

第一节　印花工艺

一、印花的种类

(一)丝网印花

丝网印花工艺复杂，手感和质量非常好，印花分手动印花（图 5.1.1）和全自动印花（图 5.1.2）。注意：丝网印刷的定制服务收取相应的制版费用，但仅限于该图案的第一次印制，或者图案修改后的重新制作。

(二)水浆印花

手感柔软舒适，透气性强，适合大面积色块或者渐变图案印制。遮盖性较差，不适合在深色面料上印。（图 5.1.3）

(三)胶浆印花

胶浆是行业中应用最为广泛的材料，色彩艳丽，遮盖性强，胶浆的缺点是透气性差，手感不好。（图 5.1.4）

图 5.1.1　手工丝网印花

图 5.1.2　全自动丝网印花

图 5.1.3　水浆印花

图 5.1.4　胶浆印花

(四)热固油墨印花

热固油墨是目前欧美流行的印花材料,其特点在于使用操作性能好,同时具有良好的透气性、遮盖率,并且色彩亮丽。热固油墨在效果上可以完全取代水浆和胶浆,但缺点是成本高。各种面料(含化纤)均适宜,是最具发展前景的印墨,因它适合于采

用先进的电脑设计，适应于采用现代化的自动生产方式，符合当代科技发展的趋势。（图 5.1.5）

图 5.1.5　热固油墨印花

（五）PVC 油墨印花

PVC 油墨仅用于特殊面料上的丝网印花，比如全涤纶、锦纶等面料，或者塑料、PVC 平面。它的特点在于色彩丰富艳丽，但印制过程对环境有轻度污染。

（六）转移印花

转移印花适合用于极少数量的图案或者照片类图案的印制。转移印花的优点是不需要菲林、制版、调色等复杂的前道工艺，这使得小批量甚至单件印花定制在成本上成为现实；另外，转移印花采用电脑直接输出，从而能够制作照片质量的图片印花。转移印花的缺点在于手感和长久牢度与丝网印花相比尚有差距；在位置上也有较大的局限性，比如不适合靠近领圈或者缝迹的地方；另外在使用全棉产品时的效果不如含化纤类面料。T 恤客采用进口材料的转移印花技术可以在任何颜色的面料上进行转移印花，适合于最少单件的印花定制。（图 5.1.6）

图 5.1.6　转移印花

(七)厚版印花

适用于纺织品，主要是文化衫、服装、儿童服装、工艺品等。它具有立体感强，牢度好，耐洗力强的优势。（图 5.1.7）

图 5.1.7　厚版印花

(八)特效印花

印花和绣花技术日新月异，种类主要为发泡印花（图 5.1.8）、植绒印花（图 5.1.9）、烫金/银（图 5.1.10）、三维立体印花、光敏涂料印花（图 5.1.11）、水敏涂料印花、热敏涂料印花、夜光涂料印花（图 5.1.12）、香味涂料印花、五彩装饰片印花（图 5.1.13）等。特效印花的价格由于成本原因高于普通印花。

图 5.1.8　发泡印花

图 5.1.9　植绒印花

图 5.1.10　烫金/银印花

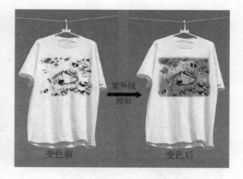

图 5.1.11　光敏涂料印花

图 5.1.12　夜光涂料印花

图 5.1.13　五彩装饰片印花

(九)特种工艺加工

如防染印花、拔染印花等。

二、印花工艺流程

给予设计稿件→印花厂→菲林公司出菲林(图5.1.14)或者印花厂家自己出菲林→晒网板(图5.1.15)→调色浆(图5.1.16)→出印花效果(图5.1.17、图5.1.18)→过热和后整理→最后回到给予设计稿件的开发公司(图5.1.19)(菲林:就是胶印底片,跟相机上用的胶卷是一个概念,出菲林环节是不经过开发设计公司的,是印花厂家协同出菲林单位自行解决的技术问题)。

图5.1.14 菲林

图5.1.15 晒网板

图5.1.16 色浆

图5.1.17 印花效果

图5.1.18 印花效果

丝网印花的工艺原理

丝网印花 | Silk screen print

单色印花　水印工艺

丝网印花是一种应用最多的服装印花技术，店面出售的成衣90%都是丝网印花，丝网印花技术流程主要分为：设计、出菲林、制版、印花、烘干几个步骤。丝网印花采用套色印制方式，如果一件服装印花的颜色分为红、黄、蓝三个颜色，那就需要制出三个版，每个颜色一个版。丝网印花的工艺主要可分为：水浆印花、胶浆印花、油墨印花。丝网印花通过添加一些特殊材料，会产生不同的印花效果，满足客户不同的要求。

双色印花　水印工艺

丝网印刷示意图

①【原稿】

③【上色】
红色的版刷红色浆料，蓝色的版刷蓝色浆料，上完浆后烘干

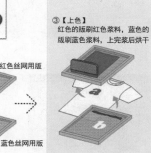

②【制版】
红色丝网用版
蓝色丝网用版
晒版出片后制成版，几个颜色几套版

④【完成】

双色印花　胶印工艺

将衣服平铺在印制平台

长台的印制平板上有刻度，这可以保证每件衣服印图的位置都保持一致，平铺后固定待印。

丝网版放正后刷浆料

丝网版放平后对正位置开始刷浆料，为保证图案上色均匀需要前后用刮板来回 2～3 次。

完成后烘干

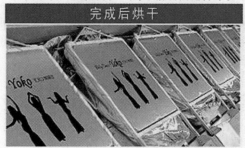

机器加热烘干，使刚刚上完浆料后的图案硬化，干燥，增加其牢固性。

制成品完成

高品质的纯棉服装，一流的印花工艺，最后造就一件完美的印花成衣。

图 5.1.19　丝网印花的流程

服饰图案设计与应用

三、T恤印花分类

（一）局部印花T恤

印花部位主要为：前身（图5.1.20至图5.1.22）、后背（图5.1.23）、前左上胸、袖口、后领下等，局部印花T恤占T恤总量的70％以上。

图5.1.20　个性班服　　　　　　　　　图5.1.21　情侣衫

图5.1.22　"素本纯衣"印花T恤成衣

图5.1.23　团队个性衫

(二)满身印花 T 恤

满身印花 T 恤分为布匹印花、裁片印花和成衣印花三类。其中成衣满身印花需采用专门的 T 恤印花机生产，此类机器目前代表着 T 恤印花的最高技术装备水平。

掌握 T 恤印花的基本工艺(图 5.1.24 至图 5.1.26)，了解生产者的工艺技术水平及 T 恤印花设备。

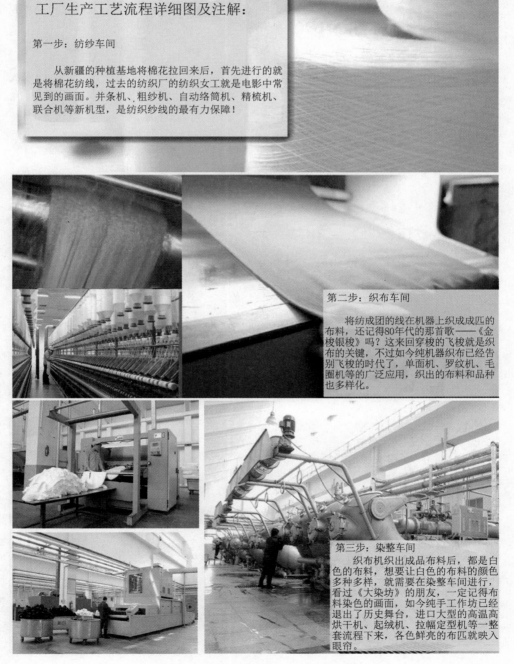

工厂生产工艺流程详细图及注解：

第一步：纺纱车间

　　从新疆的种植基地将棉花拉回来后，首先进行的就是将棉花纺线，过去的纺织厂的纺织女工就是电影中常见到的画面。并条机、粗纱机、自动络筒机、精梳机、联合机等新机型，是纺织纱线的最有力保障！

第二步：织布车间

　　将纺成团的线在机器上织成成匹的布料，还记得80年代的那首歌——《金梭银梭》吗？这来回穿梭的飞梭就是织布的关键，不过如今纯机器织布已经告别飞梭的时代了，单面机、罗纹机、毛圈机等的广泛应用，织出的布料和品种也多样化。

第三步：染整车间

　　织布机织出成品布料后，都是白色的布料，想要让白色的布料的颜色多种多样，就需要在染整车间进行，看过《大染坊》的朋友，一定记得布料染色的画面，如今纯手工作坊已经退出了历史舞台，进口大型的高温高烘干机、起绒机、拉幅定型机等一整套流程下来，各色鲜亮的布匹就映入眼帘。

图 5.1.24　"素本纯衣"T 恤制作流程

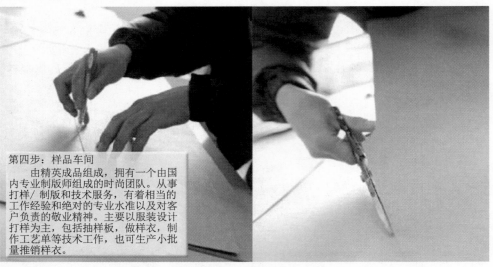

第四步：样品车间

　　由精英成品组成，拥有一个由国内专业制版师组成的时尚团队。从事打样/制版和技术服务，有着相当的工作经验和绝对的专业水准以及对客户负责的敬业精神。主要以服装设计打样为主，包括抽样板，做样衣，制作工艺单等技术工作，也可生产小批量推销样衣。

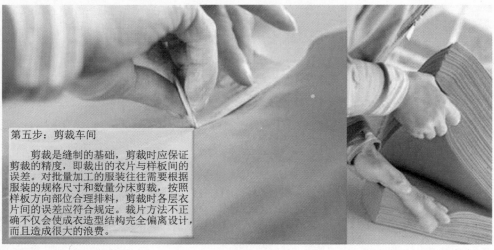

第五步：剪裁车间

　　剪裁是缝制的基础，剪裁时应保证剪裁的精度，即裁出的衣片与样板间的误差。对批量加工的服装往往需要根据服装的规格尺寸和数量分床剪裁，按照样板方向部位合理排料，剪裁时各层衣片间的误差应符合规定。裁片方法不正确不仅会使成衣造型结构完全偏离设计，而且造成很大的浪费。

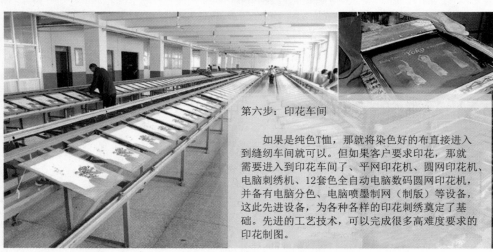

第六步：印花车间

　　如果是纯色T恤，那就将染色好的布直接进入到缝纫车间就可以。但如果客户要求印花，那就需要进入到印花车间了、平网印花机、圆网印花机、电脑刺绣机、12套色全自动电脑数码圆网印花机，并备有电脑分色、电脑喷墨制网（制版）等设备，这些先进设备，为各种各样的印花刺绣奠定了基础。先进的工艺技术，可以完成很多高难度要求的印花制图。

图 5.1.25　"素本纯衣"T恤印花流程

第七步：刺绣车间

全自动的电脑刺绣，多大的图案，多精美的图形，在这里都可以轻松完成。

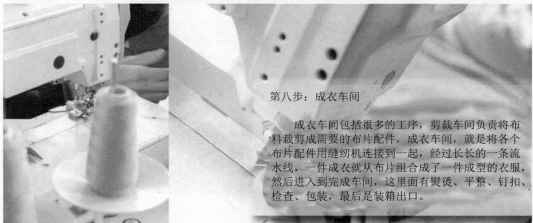

第八步：成衣车间

成衣车间包括很多的工序，剪裁车间负责将布料裁剪成需要的布片配件，成衣车间，就是将各个布片配件用缝纫机连接到一起，经过长长的一条流水线，一件成衣就从布片组合成了一件成型的衣服，然后进入到完成车间，这里面有熨烫、平整、钉扣、检查、包装，最后是装箱出口。

图 5.1.26　"素本纯衣"T 恤制作流程

最先考虑三个问题：

1. 客户的要求；
2. 采用最新的印花技术达到的效果；
3. 最佳的成本利润率。

第二节　绣花工艺

刺绣俗称"绣花"，又名"针绣"。是在已经加工好的织物上，以针引线，按照设计要求进行穿刺，通过运针将绣线组织成各种图案和色彩的一种技艺。古代称"黹"、"针

黹"。后因刺绣多为妇女所作，故又名"女红"。（图 5.2.1）据《尚书》载，远在四千多年前的章服制度，就规定"衣画而裳绣"。至周代，有"绣缋共职"的记载。湖北和湖南出土的战国、两汉的绣品，水平都很高。唐宋刺绣施针匀细，设色丰富，盛行用刺绣作书画、饰件等。明清时封建王朝的宫廷绣工规模很大，民间刺绣也得到进一步发展，先后产生了苏绣、粤绣、湘绣、蜀绣，号称"四大名绣"。此外尚有顾绣、京绣、瓯绣、鲁绣、闽绣、汴绣、汉绣和苗绣等，都各具风格，沿传迄今，历久不衰。刺绣的针法有：齐针、套针、扎针、长短针、打子针、平金、戳纱等几十种，丰富多彩，各有特色。绣品的用途包括：生活服装，歌舞或戏曲服饰，台布、枕套、靠垫等生活日用品及屏风、壁挂等陈设品。

　　电脑刺绣（图 5.2.2）是通过针在面料上按照电脑预定轨迹缝制形成复杂的三维图案的技术。目前国内常见的有单头电脑绣花机、多头多针电脑绣花机、毛巾刺绣和飞梭刺绣四种刺绣设备。单头电脑绣花机通常是单头多针机，这种设备小巧灵便很适合刺绣样品制作和小批量的刺绣生产。多头多针电脑绣花机是现在刺绣市场上使用最频繁的一种刺绣设备，比较常见有 18 头、20 头，针数为 9 针、12 针，针数的多少是用来决定绣花图案颜色的多少。基本平绣的收费基于针数来计算，因此图案越大越复杂，成本就越高。

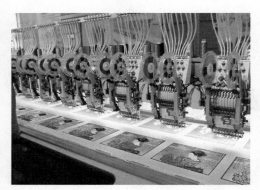

图 5.2.1　传统手工绣花　　　　　　图 5.2.2　电脑绣花

一、绣花的种类

（一）彩绣

　　泛指以各种彩色绣线绣制花纹图案的刺绣技艺，具有绣面平服、针法丰富、线迹精细、色彩鲜明的特点，在服装饰品中多有应用。（图 5.2.3）彩绣的色彩变化也十分丰富，它以线代笔，通过多种彩色绣线的重叠、并置、交错产生华而不俗的色彩效果。尤其以套针针法来表现图案色彩的细微变化最有特色，色彩深浅融汇，具有国画的渲染效果。

（二）包梗绣

　　主要特点是先用较粗的线打底或用棉花垫底，使花纹隆起，然后再用绣线绣没。包梗绣花纹秀丽雅致，富有立体感，装饰性强。（图 5.2.4）又称高绣，在苏绣中则称凸绣。包梗绣适宜于绣制块面较小的花纹与狭瓣花卉，如菊花、梅花等，一般用单色线绣制。

图 5.2.3　彩绣

图 5.2.4　包梗绣

（三）雕绣

又称镂空绣，它的最大特点是在绣制过程中，按花纹需要修剪出孔洞，并在剪出的孔洞里以不同方法绣出多种图案组合，使绣面上既有洒脱大方的实地花，又有玲珑美观的镂空花，虚实相衬，富有情趣。（图 5.2.5）

（四）贴布绣

也称补花绣，是一种将其他布料剪贴绣缝在服饰上的刺绣形式。其绣法是将贴花布按图案要求剪好，贴在绣面上，也可在贴花布与绣面之间衬垫棉花等物，使图案隆起而有立体感。贴好后，再用各种针法锁边。贴布绣绣法简单，图案以块面为主，风格别致大方。（图 5.2.6）

图 5.2.5　雕绣

图 5.2.6　贴布绣

(五)钉线绣

又称盘梗绣或贴线绣，是把各种丝带、线绳按一定图案钉绣在服装或纺织品上的一种刺绣方法。常用的钉线方法有明钉(图 5.2.7)和暗钉(图 5.2.8)两种，前者针迹暴露在线梗上，后者则隐藏于线梗中。钉线绣绣法简单，历史悠久，其装饰风格典雅大方，近年来在和服中应用较多。

图 5.2.7　明钉　　　　　　　　　图 5.2.8　暗钉

（六）十字绣

　　也称十字桃花，是一种在民间广泛流传的传统刺绣方法。其针法十分简单，即按照布料的经纬走向，将同等大小的斜十字形线迹排列成设计要求的图案。（图 5.2.9）由于其针法特点，十字绣的纹样一般造型简练，结构严谨，常呈对称式布局的图案风格。也有写实风格的纹样，题材多为自然花草。十字绣具有浓郁的民间装饰风格。

图 5.2.9　十字绣

（七）绚带绣

　　也称扁带绣，是以丝带为绣线直接在织物上进行刺绣。绚带绣光泽柔美、色彩丰富、花纹醒目而有立体感，是一种新颖别致的和服装饰形式。（图 5.2.10）

图 5.2.10　绚带绣

（八）立体绣

立体绣也是平绣的一种，刺绣时加入 EVA 胶块做成立体效果，但加入胶块后会令刺绣难度加大，机器必须稍作调整来配合。（图 5.2.11、图 5.2.12）

图 5.2.11　立体绣

图 5.2.12　不同颜色、厚度、硬度的 EVA 胶块

（九）亮片绣

绣花机附加了亮片发放装置，从而使手工缝制亮片向机器发展。亮片绣酷似一片片鱼鳞，效果闪亮，还有彩色亮片。（图 5.2.13）

（十）珠片绣

也称珠绣（图 5.2.14），它是以空心珠子、珠管、人造宝石、闪光珠片等为材料，绣缀于服饰上，以产生珠光宝气、耀眼夺目的效果，一般应用于舞台表演服上，以增添服装的美感和吸引力，同时也广泛用于鞋面、提包、首饰盒等上面。

（十一）毛巾绣

机器加置了特殊的毛巾绣装置，使绣线上浮

图 5.2.13　亮片绣

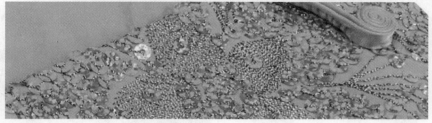

图 5.2.14 珠片绣

统一的高度，效果类似毛巾面料。毛巾绣表面松软，有弹性。多用于服装、玩具。（图 5.2.15）

图 5.2.15 毛巾绣

（十二）抽纱绣

是刺绣中很有特色的一个类别，其绣法是，根据设计图案的部位，先在织物上抽去一定数量的经纱和纬纱，然后利用布面上留下的布丝，用绣线进行有规律的编绕扎结，编出透孔的纱眼，组合成各种图案纹样。抽纱绣绣面具有独特的网眼效果，秀丽纤巧，玲珑剔透，装饰性很强。由于绣制有一定难度，抽纱绣图案大多为简单的几何线条与块面，在一幅绣品中作精致细巧的点缀。（图 5.2.16）

图 5.2.16 抽纱绣　　　　　　　图 5.2.17 戳纱绣

(十三)戳纱绣

又称纳锦，是传统刺绣形式之一。它是在方格纱的底料上严格按格数眼进行刺绣的。戳纱绣不仅图案美丽，而且随着线条横、直、斜的不同排列作丰富的变化，但花纹间的空眼必须对齐。（图 5.2.17）

(十四)其他绣花种类（图 5.2.18 至图 5.2.26）

图 5.2.18　扁金线绣

图 5.2.19　宝石绣

图 5.2.20　皱　绣

图 5.2.21　立线绣

图 5.2.22　植绒绣

图 5.2.23　链目绣

图 5.2.24　卷褶绣

图 5.2.25　粗节绣

图 5.2.26　中空立体绣

二、绣花基础知识

(一)电脑绣花的基本针法

单针、挨针(图 5.2.27)、米粒针、锁链针(图 5.2.28)、榻榻米(图 5.2.29)等，注意各种针法的组合效果。

图 5.2.27　挨针

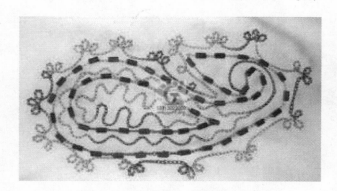

图 5.2.28　锁链针

图 5.2.29　各种榻榻米针法图

(二)常用的绣花材料

金线，银线，棉线，异形线，人造丝，迪光，鱼丝等。(图 5.2.30)

(三)电脑绣花的工艺流程

画花稿(图 5.2.31)(比例 1∶1，写明针法及颜色)→制绣花版(图 5.2.32)→裁片绣花→成衣绣花(图 5.2.33、图 5.2.34)。

图 5.2.30　绣花材料

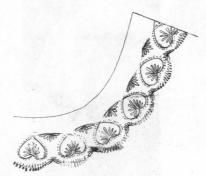

图 5.2.31　画花稿

图 5.2.32　制绣花版

　　因为是与绣花厂的一个合作过程，一定要将花稿做明白清晰（特别是针法和颜色）这样才会与原设计相符合。

图 5.2.33 成衣绣花

图 5.2.34 成衣绣花

第三节 图案手绘艺术

一、手绘图案的基础知识

服装手绘，通俗地讲，是指在服饰品上画画（手工绘画）（图 5.3.1、图 5.3.2），目的是让衣服从整体上更加美和更加个性化，由于是手工绘画，从而也就变得独一无二了，适合做服装手绘的面料，一般是纯棉质地的光板衣服较多；也有不是光板和用其他面料的，如丝绸、毛织、皮革、针织等。

图 5.3.1 服装手绘

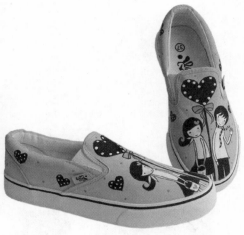

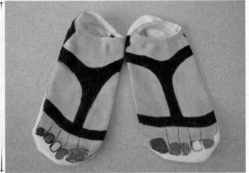

图 5.3.2 服装手绘

衡量服装手绘的质量一般有：手绘出来的图案漂不漂亮，如用笔是否讲究，颜色搭配是否合理等；衣服的款式和质量能不能满足顾客的需要。服装上画画不能把衣服当画布，图案是为衣服整体服务的，绘者要具有绘画的基本功，并且对服装设计有所领悟，才能把手绘衣服做得更美。

服饰手绘不只是年轻人喜欢，不少中老年人也很喜爱这类服饰。年轻人青睐张扬个性的动漫画卡通类图案，中老年人则喜欢较典雅的图案。

二、服装手绘主要特点

1. 随需而绘，不同于绣花、花机、印染、丝网印刷，开发潜力大。

2. 采用植物颜料，专业颜料，水洗不掉色，符合人体安全卫生标准，手感好，能保持衣服的柔软性。

3. 手绘与绣花，缝珠片，烫钻等互相搭配，效果极佳。

4. 纯手工绘制，具有颜色浓淡，层次变化，线条晕开等效果，达到机器所达不到的效果。

5. 制作工艺独特，不易褪色，符合崇尚个性的潮流。（图 5.3.3 至图 5.3.6）

6. 服装服饰再不必担心撞衫（与他人相类同），切合现代人彰显个性的愿望。

图 5.3.3　个性化的手绘服装

图 5.3.4　香港服装学院学生手绘作品

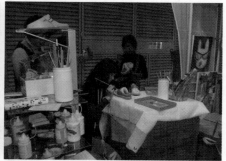

图 5.3.5　2010 年春夏香港服装节手绘一角

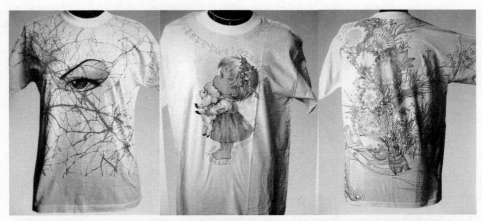

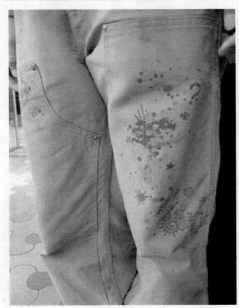

图 5.3.6　个性化的手绘服装

第四节 洗水图案工艺

了解洗水图案工艺，并能分辨洗水种类和方法，且懂得应用于服装设计上，这对于服装专业的学生是必不可缺的。

要求应该掌握常用的洗水方法和工艺：

一、普洗

普洗即普通洗涤，通过加入柔软剂或洗涤剂，使衣物洗后更加柔软、舒适。根据洗涤时间和助剂用量，可分为轻普洗、普洗和重普洗。

二、石磨

石磨即在洗水中加入一定大小的浮石（图 5.4.1），使浮石与衣服打磨。（图 5.4.2）

图 5.4.1 浮石

图 5.4.2 石磨

三、酵洗

酵素是一种纤维素酶，它可以在一定 pH 值和温度下，对纤维结构产生降解作用，使布面可以较温和地褪色，褪毛（产生"桃皮"效果），并得到持久的柔软效果。（图 5.4.3）

四、砂洗

砂洗多用一些碱性、氧化性助剂，使衣物洗后有一定褪色效果及陈旧感，若配以石磨，洗后布料表面会产生一层柔和霜白的绒毛，再加入一些柔软剂。（图 5.4.4）

五、漂洗

为使衣物有洁白或鲜艳的外观和柔软的手感，需对衣物进行漂洗，即在普通洗涤过清水后，加温到 60℃，根据漂白颜色的深浅，加适量的漂白剂，7—10 分钟时间内使颜色对板一致。（图 5.4.5）漂洗可分为氧漂和氯漂。

图 5.4.3 酵洗

图 5.4.4　砂洗

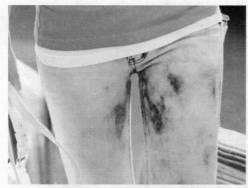
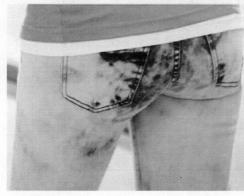

图 5.4.5　漂洗

六、炒雪花

炒雪花是干炒不加水的，把干燥的浮石用高锰酸钾溶液浸透，然后在专用转缸内直接与衣物打磨，通过浮石打磨在衣物上，使高锰酸钾把摩擦点氧化掉，使布面呈不规则褪色，形成类似雪花的白点。（图 5.4.6）

七、手擦

按效果弱到强排列：手擦＜打砂＜喷马骝。有时也可手擦＋喷马骝，打砂＋喷马骝结合，但要注意手擦与打砂是不会一起用的，因为打砂会完全覆盖手擦的效果。喷马骝则比较僵硬，往往与手擦结合，以达到自然过渡的效果。（图 5.4.7、图 5.4.8）

图 5.4.6　炒雪花

图 5.4.7　手擦

图 5.4.8　手擦

八、喷砂

喷砂又叫打砂。是用专用设备(形象点讲就是一种电动的大型牙刷,只不过是滚筒形的)在布料上打磨,通常有一个充气模型配合。目的是获得一种局部的磨损效果。(图5.4.9)

喷砂牛仔裤
效果图
双头　　　　　　单头

图 5.4.9　牛仔喷砂

九、马骝洗

通常在牛仔服装正常洗涤之后,用喷枪把高锰酸钾溶液按设计要求喷到衣服上,发生化学反应使布料褪色,用浓度和喷射量来控制褪色的程度。(图5.4.10)喷完马骝水后再过水洗净。喷马骝可以形成多种形状,如猫须、白条等。

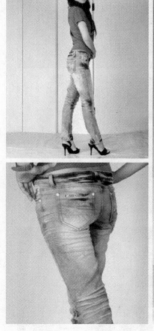
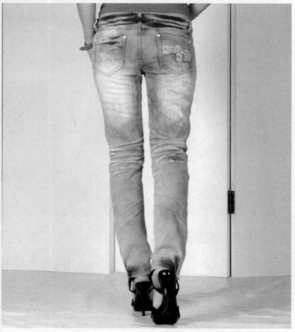

图 5.4.10　马骝洗

十、猫须

猫须就是手砂(手擦)的一种,它只不过磨成猫须的形状而已。也可以通过喷马骝,用猫须模具达到此目的。(图5.4.11)

图 5.4.11　猫须

十一、化学洗

化学洗主要是通过使用强碱助剂来达到褪色的目的，洗后衣物有较为明显的陈旧感，再加入柔软剂，衣物会有柔软、丰满的效果。（图 5.4.12）

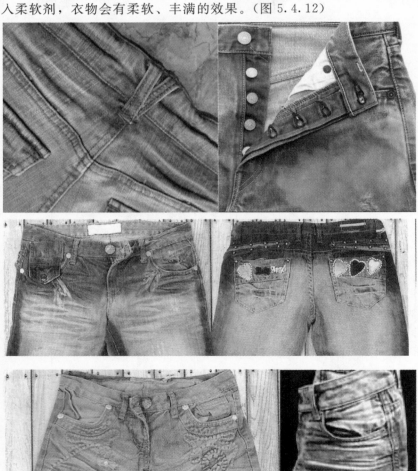
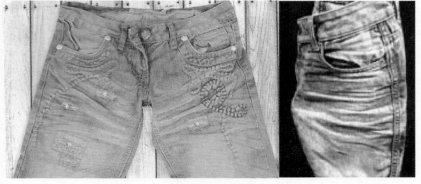

图 5.4.12　化学洗

十二、破坏洗

　　成衣经过浮石打磨及助剂处理后，在某些部位（骨位、领角等）产生一定程度的破损，洗后衣物会有较为明显的残旧效果。也可先在指定位置划开布面，再经洗水后达到磨烂的效果。（图 5.4.13）

图 5.4.13　破坏洗

十三、综合洗水

　　成衣在洗水前还可以使用手缝、枪针固定、高温定型等辅助方法，经过打磨或化学处理后，达到独特的图案纹理效果。（图 5.4.14）

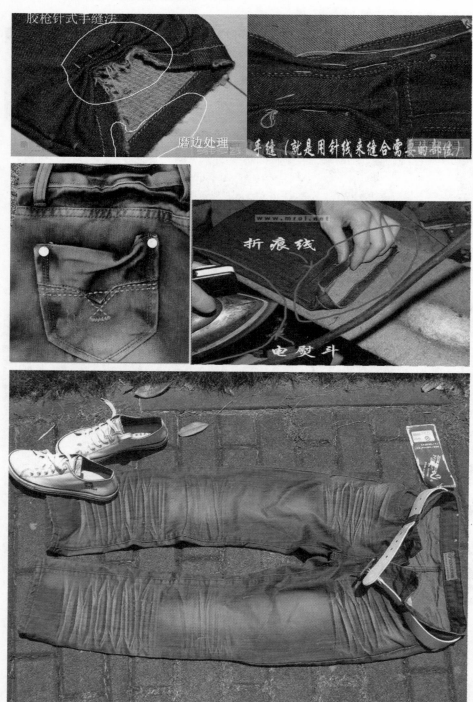

图 5.4.14　综合洗水

第五节　综合图案装饰工艺

　　能够利用所学知识，运用各种方法，选用不同材料（选用的材料除了面料外，还可以选用皮料、网眼、蕾丝、花边、铆钉等，要注意风格的协调及整体效果的控制）来组成图案，并懂得运用常见图案工艺（图 5.5.1）灵活地与新型装饰材料等进行组合，注意掌握不同材质所呈现出的特性，要与服装风格相一致，形成新的装饰美感。（图 5.5.2）

图 5.5.1　常见图案工艺

图 5.5.2　综合工艺的图案实例

利用现有材料的观察与分析，大胆想象，从周边的事物中吸取灵感，换位思考，利用剪、贴、扎、系、拼、补、折、绣、叠、抽、钩、衍、染（图 5.5.3、图 5.5.4）、磨、烧、粘、绘等各种技术及传统工艺，结合设计的审美原则，达到最佳效果。

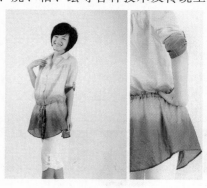

图 5.5.3　吊染服装图案

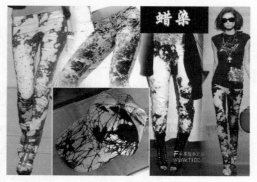

图 5.5.4　蜡染风格图案

　　不同材料，不同装饰手法组合起来应用相对来说难度更大点，但相比较而言，它的装饰效果是最丰富的。（图 5.5.5 至图 5.5.12）现今，人们对服装的需求在装饰性方面已越来越大，也就要求设计师们在设计服装时所考虑的东西越来越多，工艺手法也越来越多样化，设计师们除了要具备较高的审美感之外，最主要的是要靠平时的经验与积累。

图 5.5.5　Levis 牛仔裤（绣花＋洗水＋破坏装饰图案）

图 5.5.6　强烈效果的综合图案艺术

图 5.5.7　利用弹力网做蝴蝶装饰图案

图 5.5.8　贴布装饰图案　　　　　　图 5.5.9　鸡眼图案

图 5.5.10　童装图案(洗水＋贴布绣花)

图 5.5.11 扣子装饰的图案

图 5.5.12 剪贴布片形成的装饰图案

 课后思考

1. 为什么要学习服饰图案工艺？

2. 列举服装产品中常见的图案工艺有哪些种类？

3. 印花工艺的流程是什么？绣花工艺的特点是什么？

4. 手绘图案要准备什么相关材料？

5. 在服装设计中，如何进行图案稿的设计，工艺如何操作？

6. 如何进行图案作品的展示和宣传？

实训项目

1. 在项目任务下完成 T 恤衫的图案设计 2 款。

2. 在项目任务下，结合工艺特点，完成 4—6 款单件服饰的设计稿和系列总图设计稿。

3. 在项目任务下完成服饰图案样衣的制作，工艺形式不限。

第六章　服饰图案作品欣赏

均衡式自由纹样

均衡式动物纹样

服饰图案设计与应用

均衡式人物纹样

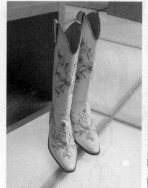

绣花品

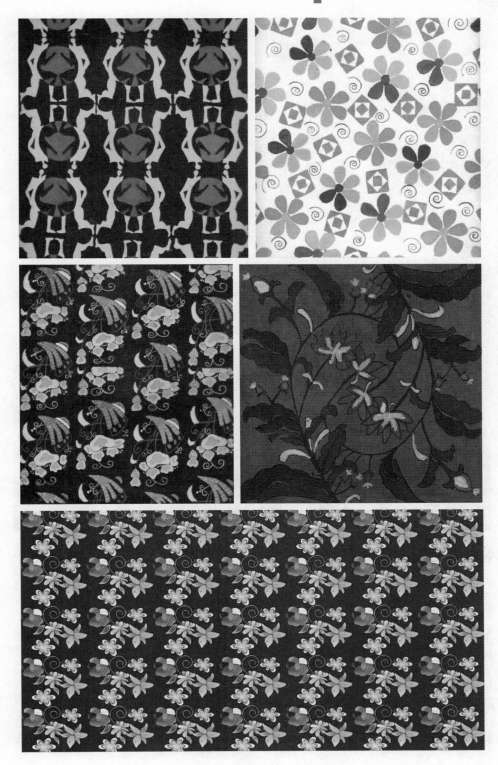

图料花稿

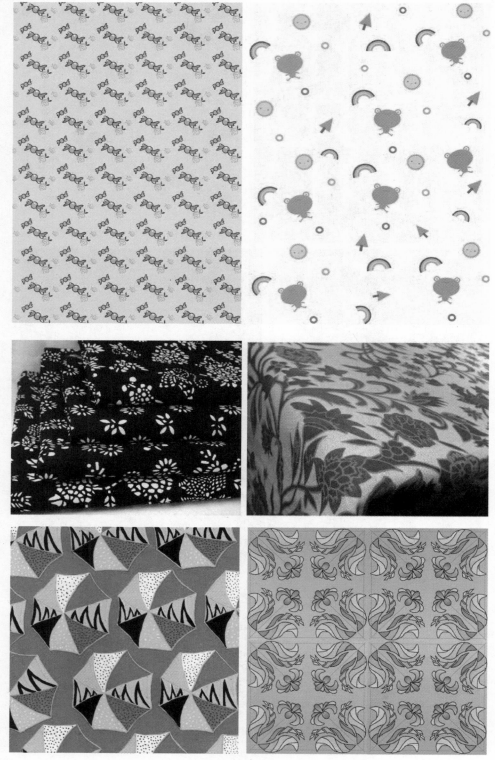

面料花稿

图料花稿

1 Denim Village
2 Freshtex
3 Freshtex
4 Freshtex

油漆工牛仔裤

牛仔图案

米娅服饰系列

米娅服饰系列

印花 T 恤

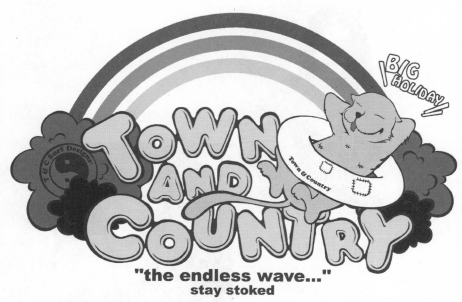

印花 T 恤

参考文献

［1］张丹丹，周利群．服饰图案设计与实训［M］．南京：南京大学出版社，2010．

［2］廖爱莉，邝璐．中西历代服饰图典［M］．广州：广州科技出版社，2000．

［3］杜伟，陈国彪．图案［M］．上海：中国纺织出版社，2000．

［4］陆红阳．花卉基础图案［M］．桂林：广西美术出版社，1999．

图片出处：

［1］田岛绣花

［2］瑞源植绒印花厂

［3］斜阳巷里服饰、美来艳取服饰、米娅服饰

［4］"素本纯衣"T恤淘宝店

［5］淘宝网：http://www.taobao.com

［6］穿针引线服装论坛：http://www.eeff.net

［7］广东服装行业协会

［8］绣花图案网：http://www.xiuhuatuan.com

［9］广东女子职业技术学院学生作品

［10］广东白云学院学生作品

［11］中国服装趋势网：http://cn.t100.cn